© Copyright 2020 by Dani Robert – all rights reserved.

NO PART OF THIS BOOK MAY BE REPRODUCED SCANNED OR DISTRIBUTED IN ANY PRINTED OR ELECTRONIC FROM WITHOUT PREMISSION FROM THE AUTHOR

This Book Belongs to:

....

....

Secret Trail

Use addition to find your way through the maze.

1)

36	91	16	57
(12)	38	77	81
52	49	3	55
82	43	81	68

+ (354)

2)

44	60	73	87
50	13	6	61
51	48	37	53
(62)	80	25	71

+ (394)

3)

8	8	92	8
22	42	18	93
29	56	70	17
(23)	11	39	80

+ (275)

4)

(32)	33	70	14
85	78	10	95
61	89	41	28
89	69	77	84

+ (347)

Secret Trail
Answer Sheet

Use addition to find your way through the maze.

1)

36	91	16	57
(12)	38	77	81
52	49	3	55
82	43	81	68

+ (354)

2)

44	60	73	87
50	13	6	61
51	48	37	53
(62)	80	25	71

+ (394)

3)

8	8	92	8
22	42	18	93
29	56	70	17
(23)	11	39	80

+ (275)

4)

(32)	33	70	14
85	78	10	95
61	89	41	28
89	69	77	84

+ (347)

Subtraction

1) 389 − 201

2) 30 − 10

3) 383 − 212

4) 694 − 31

5) 418 − 205

6) 880 − 580

7) 649 − 509

8) 512 − 302

9) 419 − 74

10) 244 − 133

11) 445 − 225

12) 530 − 210

13) 22 − 10

14) 475 − 263

15) 293 − 142

16) 906 − 401

17) 773 − 440

18) 271 − 20

19) 528 − 18

20) 619 − 24

Subtraction
Answer Sheet

1) 389 − 201 = 188
2) 30 − 10 = 20
3) 383 − 212 = 171
4) 694 − 31 = 663

5) 418 − 205 = 213
6) 880 − 580 = 300
7) 649 − 509 = 140
8) 512 − 302 = 210

9) 419 − 74 = 345
10) 244 − 133 = 111
11) 445 − 225 = 220
12) 530 − 210 = 320

13) 22 − 10 = 12
14) 475 − 263 = 212
15) 293 − 142 = 151
16) 906 − 401 = 505

17) 773 − 440 = 333
18) 271 − 20 = 251
19) 528 − 18 = 510
20) 619 − 24 = 595

Secret Trail

Use addition to find your way through the maze.

1)

22	26	23	54
83	79	9	49
(58)	8	4	77
20	95	77	94

+ (526)

2)

(81)	96	10	17
55	80	15	40
68	57	31	12
47	4	87	27

+ (404)

3)

52	16	52	18
51	99	71	66
(33)	32	66	49
82	18	44	8

+ (437)

4)

(73)	53	80	59
66	46	8	15
16	23	77	37
11	5	17	50

+ (358)

Secret Trail
Answer Sheet

Use addition to find your way through the maze.

1)

22	26	23	54
83	79	9	49
(58)	8	4	77
20	95	77	94

+ (526)

2)

(81)	96	10	17
55	80	15	40
68	57	31	12
47	4	87	27

+ (404)

3)

52	16	52	18
51	99	71	66
(33)	32	66	49
82	18	44	8

+ (437)

4)

(73)	53	80	59
66	46	8	15
16	23	77	37
11	5	17	50

+ (358)

Addition

1) 681 + 17

2) 835 + 101

3) 102 + 64

4) 14 + 553

5) 836 + 141

6) 895 + 103

7) 102 + 382

8) 349 + 200

9) 146 + 42

10) 501 + 247

11) 132 + 22

12) 262 + 204

13) 12 + 674

14) 437 + 121

15) 648 + 300

16) 218 + 350

17) 47 + 210

18) 822 + 135

19) 81 + 601

20) 715 + 111

Addition
Answer Sheet

1) 681 + 17 = 698

2) 835 + 101 = 936

3) 102 + 64 = 166

4) 14 + 553 = 567

5) 836 + 141 = 977

6) 895 + 103 = 998

7) 102 + 382 = 484

8) 349 + 200 = 549

9) 146 + 42 = 188

10) 501 + 247 = 748

11) 132 + 22 = 154

12) 262 + 204 = 466

13) 12 + 674 = 686

14) 437 + 121 = 558

15) 648 + 300 = 948

16) 218 + 350 = 568

17) 47 + 210 = 257

18) 822 + 135 = 957

19) 81 + 601 = 682

20) 715 + 111 = 826

Secret Trail

Use subtraction to find your way through the maze.

1)

81	10	86	53
(556)	44	53	10
72	82	62	82
79	84	72	13
		−	(92)

2)

21	66	40	21
65	73	46	40
(518)	77	74	40
65	64	48	6
		−	(53)

3)

(368)	10	81	84
18	29	96	64
28	9	83	76
2	89	35	86
		−	(75)

4)

65	56	25	1
17	37	41	14
(359)	66	79	69
7	19	14	76
		−	(40)

Secret Trail
Answer Sheet

Use subtraction to find your way through the maze.

1)

81	10	86	53
(556)	44	53	10
72	82	62 — 82	
79 — 84 — 72	13		
		−	(92)

2)

21	66	40	21
65	73 — 46		40
(518) — 77 — 74	40		
65	64 — 48 — 6		
		−	(53)

3)

(368) — 10	81	84	
18	29	96	64
28	9 — 83 — 76		
2	89	35	86
		−	(75)

4)

65	56	25	1
17	37	41 — 14	
(359)	66	79	69
7 — 19 — 14	76		
		−	(40)

Fact Families

1.
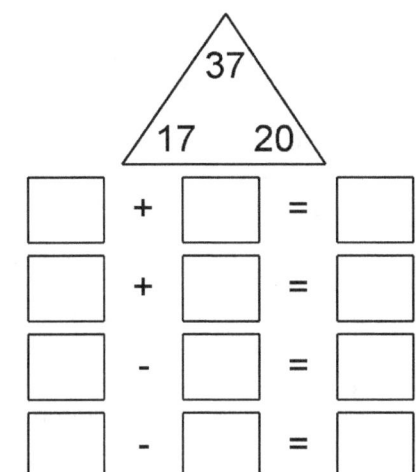

2.
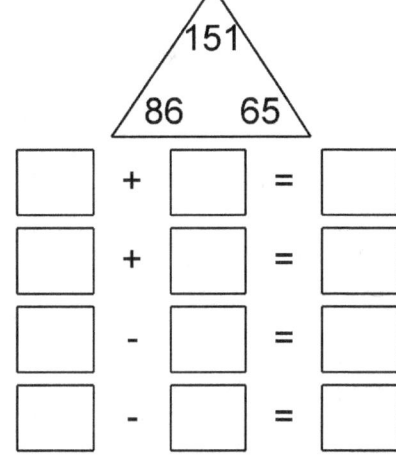

3.
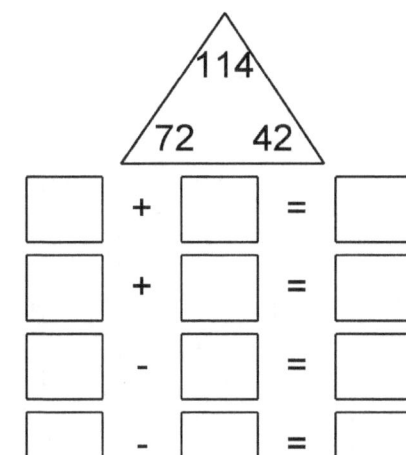

4.
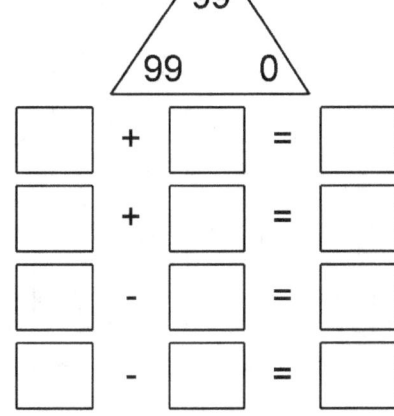

Fact Families
Answer Sheet

1.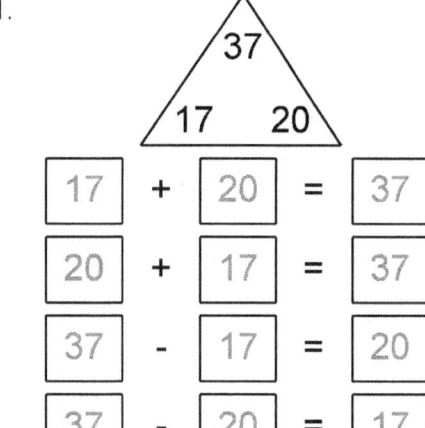

2.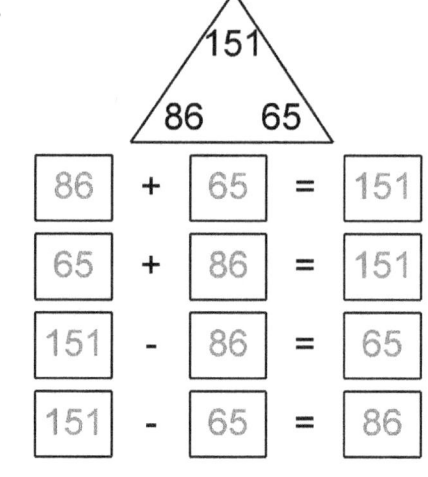

3.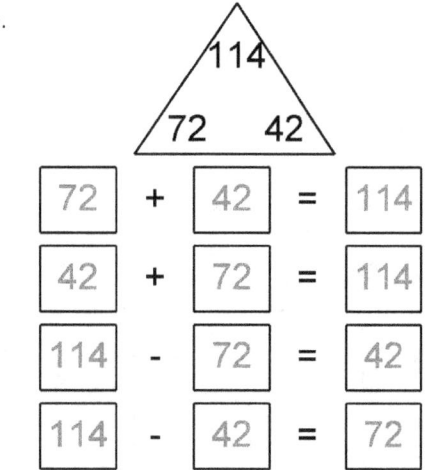

4.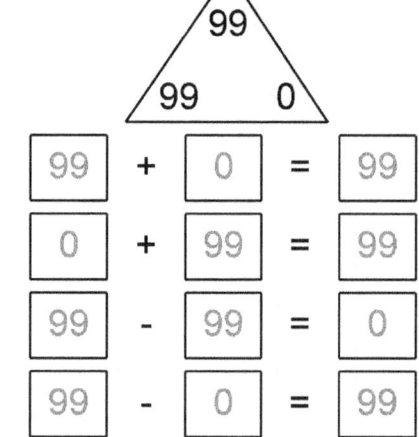

Secret Trail

Use addition to find your way through the maze.

1)

61	50	79	94
35	72	80	17
82	35	70	75
(77)	68	61	66

+ (405)

2)

(7)	69	88	94
32	76	81	57
7	63	30	69
15	14	84	92

+ (602)

3)

(24)	78	96	64
4	79	50	80
87	13	27	49
18	22	76	28

+ (379)

4)

(46)	57	88	20
30	73	98	37
28	9	50	47
67	21	86	82

+ (360)

Secret Trail
Answer Sheet

Use addition to find your way through the maze.

1)

61	50	79	94
35	72	80	17
82	35	70	75
(77)	68	61	66

+ (405)

2)

(7)	69	88	94
32	76	81	57
7	63	30	69
15	14	84	92

+ (602)

3)

(24)	78	96	64
4	79	50	80
87	13	27	49
18	22	76	28

+ (379)

4)

(46)	57	88	20
30	73	98	37
28	9	50	47
67	21	86	82

+ (360)

Secret Trail

Use subtraction to find your way through the maze.

1)

84	5	10	81
15	34	64	25
(452)	76	65	54
51	78	98	88

− (90)

2)

28	44	26	41
65	94	24	41
(596)	88	57	70
45	60	45	75

− (42)

3)

(271)	88	45	20
90	40	46	81
26	8	23	99
19	24	31	55

− (26)

4)

14	13	10	12
20	11	85	41
(317)	45	7	55
45	17	21	79

− (73)

Secret Trail
Answer Sheet

Use subtraction to find your way through the maze.

1)

84	5	10	81
15	34	64	25
(452)	76	65	54
51	78	98	88
		−	(90)

2)

28	44	26	41
65	94	24	41
(596)	88	57	70
45	60	45	75
		−	(42)

3)

(271)	88	45	20
90	40	46	81
26	8	23	99
19	24	31	55
		−	(26)

4)

14	13	10	12
20	11	85	41
(317)	45	7	55
45	17	21	79
		−	(73)

Secret Trail

Use addition to find your way through the maze.

1)

84	49	6	85
46	64	58	94
(10)	44	46	62
11	85	3	96

+ (521)

2)

73	28	14	22
99	21	95	11
90	26	73	36
(55)	94	57	13

+ (293)

3)

75	89	99	71
92	51	98	58
76	95	74	10
(34)	35	19	73

+ (514)

4)

34	80	17	46
85	29	11	74
55	39	85	59
(54)	50	88	50

+ (366)

Secret Trail
Answer Sheet

Use addition to find your way through the maze.

1)

84	49	6	85
46	64	58	94
(10)	44	46	62
11	85	3	96

+ (521)

2)

73	28	14	22
99	21	95	11
90	26	73	36
(55)	94	57	13

+ (293)

3)

75	89	99	71
92	51	98	58
76	95	74	10
(34)	35	19	73

+ (514)

4)

34	80	17	46
85	29	11	74
55	39	85	59
(54)	50	88	50

+ (366)

Secret Trail

Use subtraction to find your way through the maze.

1)

39	2	70	83
29	75	15	99
5	13	60	67
(396)	22	43	76
		−	(61)

2)

(375)	54	94	11
94	69	31	41
25	2	18	50
18	51	62	48
		−	(16)

3)

(472)	51	75	91
77	47	56	67
98	5	88	61
39	19	90	18
		−	(94)

4)

83	30	4	26
44	32	40	42
5	74	96	49
(412)	61	98	19
		−	(87)

Secret Trail
Answer Sheet

Use subtraction to find your way through the maze.

1)

39	2	70	83
29	75	15	99
5	13	60	67
(396)	22	43	76
		−	(61)

2)

(375)	54	94	11
94	69	31	41
25	2	18	50
18	51	62	48
		−	(16)

3)

(472)	51	75	91
77	47	56	67
98	5	88	61
39	19	90	18
		−	(94)

4)

83	30	4	26
44	32	40	42
5	74	96	49
(412)	61	98	19
		−	(87)

Addition

1) 37 + 92

2) 78 + 96

3) 70 + 66

4) 77 + 15

5) 22 + 63

6) 88 + 54

7) 35 + 74

8) 17 + 82

9) 89 + 26

10) 79 + 24

11) 52 + 89

12) 10 + 32

13) 74 + 75

14) 61 + 66

15) 74 + 42

16) 37 + 22

17) 52 + 16

18) 32 + 68

19) 11 + 94

20) 47 + 89

Addition

Answer Sheet

1) 37 + 92 = 129
2) 78 + 96 = 174
3) 70 + 66 = 136
4) 77 + 15 = 92

5) 22 + 63 = 85
6) 88 + 54 = 142
7) 35 + 74 = 109
8) 17 + 82 = 99

9) 89 + 26 = 115
10) 79 + 24 = 103
11) 52 + 89 = 141
12) 10 + 32 = 42

13) 74 + 75 = 149
14) 61 + 66 = 127
15) 74 + 42 = 116
16) 37 + 22 = 59

17) 52 + 16 = 68
18) 32 + 68 = 100
19) 11 + 94 = 105
20) 47 + 89 = 136

Secret Trail

Use subtraction to find your way through the maze.

1)

(516)	80	55	17
33	36	64	6
76	74	12	91
65	32	3	50
		−	(83)

2)

53	57	77	1
77	19	65	41
71	89	28	7
(415)	39	65	79
		−	(56)

3)

25	96	18	62
48	13	76	44
(443)	24	44	96
94	70	50	68
		−	(18)

4)

8	74	19	82
6	62	90	75
(436)	47	36	98
20	35	46	12
		−	(62)

Secret Trail
Answer Sheet

Use subtraction to find your way through the maze.

1)

516	80	55	17
33	36	64	6
76	74	12	91
65	32	3	50

− 83

2)

53	57	77	1
77	19	65	41
71	89	28	7
415	39	65	79

− 56

3)

25	96	18	62
48	13	76	44
443	24	44	96
94	70	50	68

− 18

4)

8	74	19	82
6	62	90	75
436	47	36	98
20	35	46	12

− 62

Subtraction

1) 9,635
   - 8,200

2) 7,975
   - 2,954

3) 2,500
   - 1,500

4) 3,486
   - 2,240

5) 8,624
   - 7,303

6) 2,760
   -   130

7) 4,769
   -   313

8) 8,964
   - 3,121

9) 2,929
   - 1,816

10) 4,052
    -   520

11) 9,884
    - 6,714

12) 3,761
    - 2,400

13) 8,991
    - 7,671

14) 2,974
    -   810

15) 5,415
    -   305

16) 2,975
    -   970

17) 9,518
    - 3,113

18) 6,542
    - 4,121

19) 3,208
    -   201

20) 5,391
    - 2,061

Subtraction
Answer Sheet

1) 9,635
 - 8,200

 1,435

2) 7,975
 - 2,954

 5,021

3) 2,500
 - 1,500

 1,000

4) 3,486
 - 2,240

 1,246

5) 8,624
 - 7,303

 1,321

6) 2,760
 -   130

 2,630

7) 4,769
 -   313

 4,456

8) 8,964
 - 3,121

 5,843

9) 2,929
 - 1,816

 1,113

10) 4,052
 -   520

 3,532

11) 9,884
 - 6,714

 3,170

12) 3,761
 - 2,400

 1,361

13) 8,991
 - 7,671

 1,320

14) 2,974
 -   810

 2,164

15) 5,415
 -   305

 5,110

16) 2,975
 -   970

 2,005

17) 9,518
 - 3,113

 6,405

18) 6,542
 - 4,121

 2,421

19) 3,208
 -   201

 3,007

20) 5,391
 - 2,061

 3,330

Divide.

1.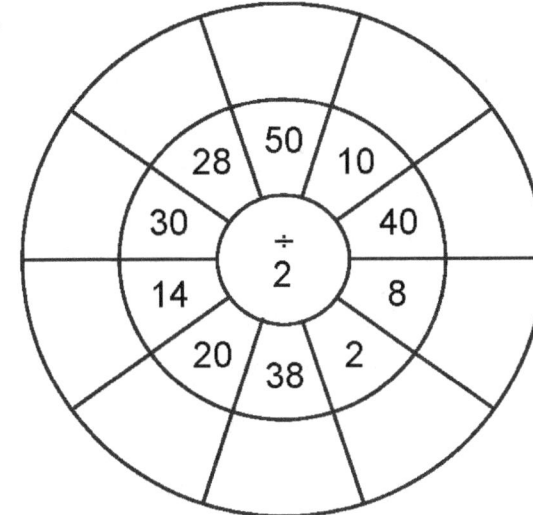

2.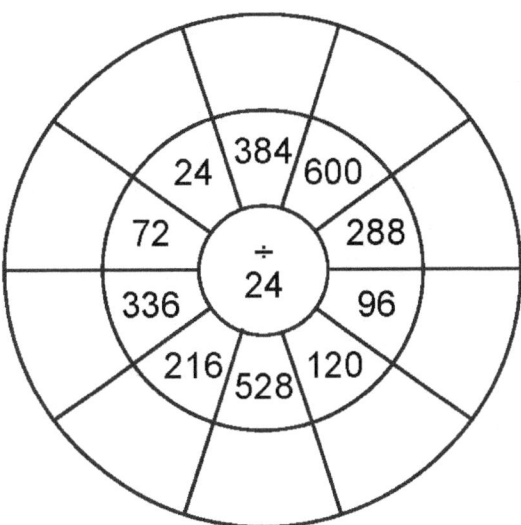

3.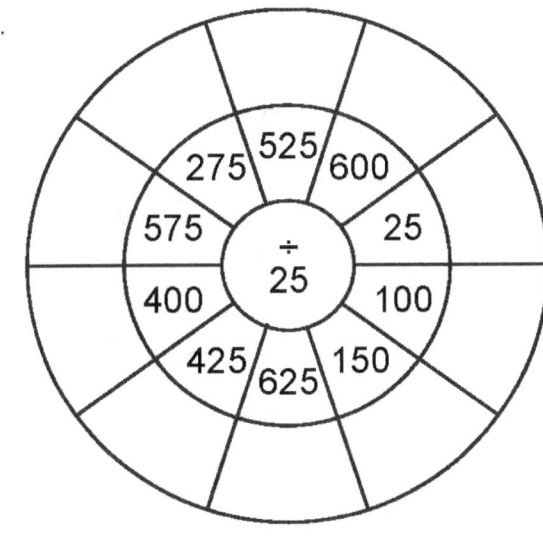

4.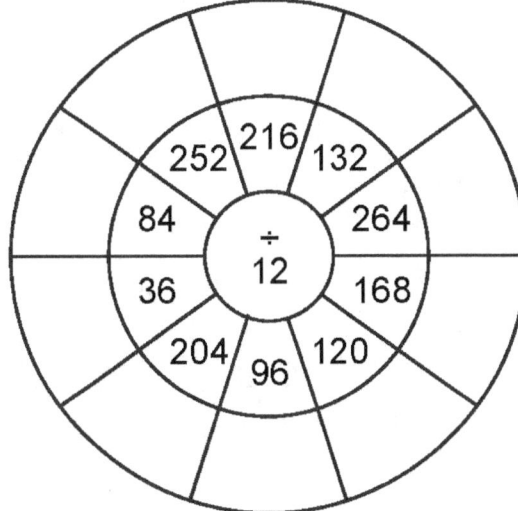

Divide.

1.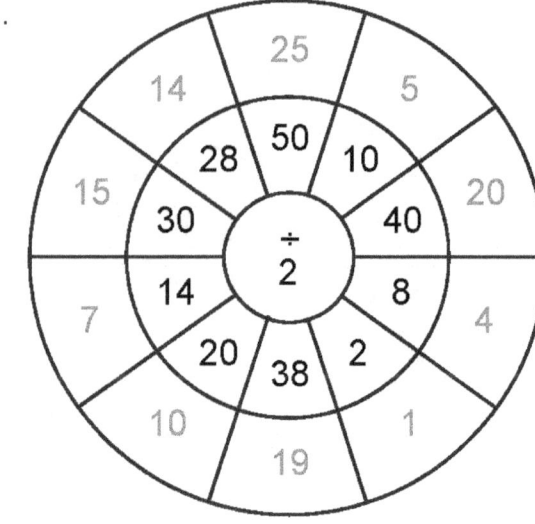

2.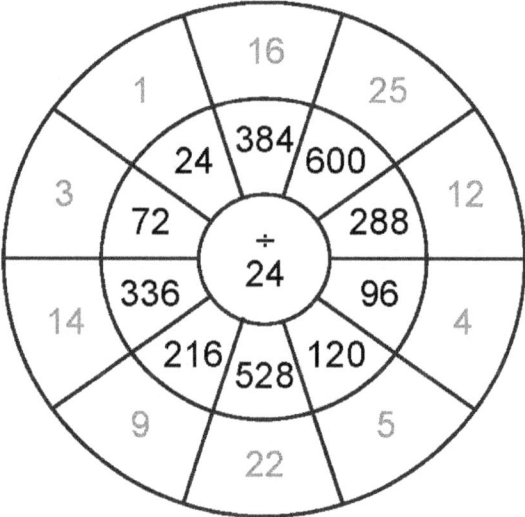

3.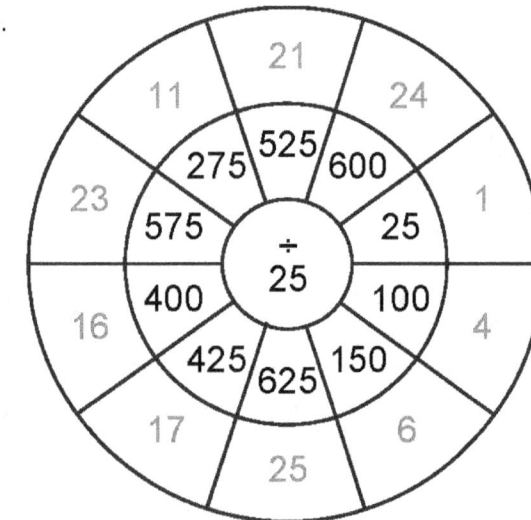

4.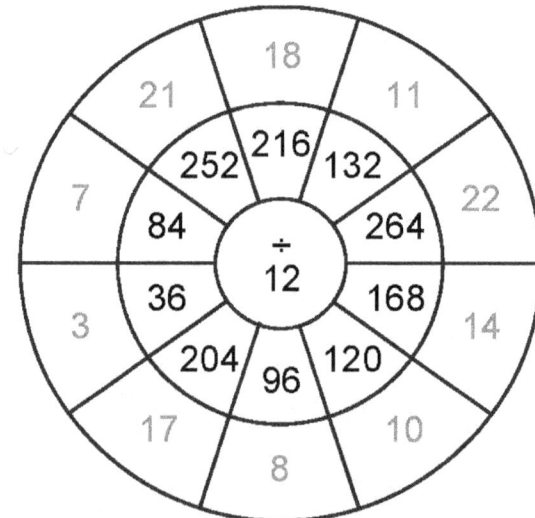

Secret Trail

Use subtraction to find your way through the maze.

1)

72	38	43	34
55	38	78	66
(652)	96	70	84
95	51	92	65
		−	(51)

2)

(208)	54	17	1
1	91	16	59
8	47	13	16
59	87	24	49
		−	(35)

3)

19	21	38	6
(481)	35	64	33
17	33	94	69
79	70	86	85
		−	(84)

4)

(452)	80	96	78
72	47	28	75
48	91	65	51
92	9	46	36
		−	(95)

Secret Trail
Answer Sheet

Use subtraction to find your way through the maze.

1)

72	38	43	34
55	38	78	66
(652)	96	70	84
95	51	92	65
		−	(51)

2)

(208)	54	17	1
1	91	16	59
8	47	13	16
59	87	24	49
		−	(35)

3)

19	21	38	6
(481)	35	64	33
17	33	94	69
79	70	86	85
		−	(84)

4)

(452)	80	96	78
72	47	28	75
48	91	65	51
92	9	46	36
		−	(95)

Addition

1) 35 + 29
2) 44 + 54
3) 21 + 43
4) 88 + 90

5) 33 + 42
6) 72 + 90
7) 49 + 67
8) 94 + 31

9) 25 + 17
10) 59 + 92
11) 25 + 63
12) 91 + 89

13) 68 + 76
14) 51 + 58
15) 79 + 26
16) 18 + 78

17) 43 + 87
18) 86 + 74
19) 78 + 61
20) 86 + 88

Addition
Answer Sheet

1) 35 + 29 = 64

2) 44 + 54 = 98

3) 21 + 43 = 64

4) 88 + 90 = 178

5) 33 + 42 = 75

6) 72 + 90 = 162

7) 49 + 67 = 116

8) 94 + 31 = 125

9) 25 + 17 = 42

10) 59 + 92 = 151

11) 25 + 63 = 88

12) 91 + 89 = 180

13) 68 + 76 = 144

14) 51 + 58 = 109

15) 79 + 26 = 105

16) 18 + 78 = 96

17) 43 + 87 = 130

18) 86 + 74 = 160

19) 78 + 61 = 139

20) 86 + 88 = 174

Secret Trail

Use subtraction to find your way through the maze.

1)

31	7	26	13
53	92	65	93
96	71	6	91
(409)	36	63	55
		−	(90)

2)

34	50	93	42
21	5	90	51
(487)	20	16	36
85	33	45	51
		−	(80)

3)

(349)	26	61	34
46	23	23	80
95	58	64	25
97	46	77	35
		−	(63)

4)

91	37	29	71
10	2	35	61
72	73	49	57
(317)	39	60	40
		−	(11)

Secret Trail
Answer Sheet

Use subtraction to find your way through the maze.

1)

31	7	26	13
53	92	65	93
96 — 71 — 6 — 91			
(409)	36	63	55

− (90)

2)

34	50	93	42
21	5	90 — 51	
(487)	20	16	36
85 — 33 — 45			51

− (80)

3)

(349) — 26 — 61			34
46	23	23	80
95	58	64	25
97	46	77 — 35	

− (63)

4)

91	37	29	71
10 — 2		35	61
72	73 — 49		57
(317)	39	60 — 40	

− (11)

Secret Trail

Use subtraction to find your way through the maze.

1)

51	69	95	34
8	28	83	81
75	54	41	13
(370)	32	4	36
		−	(43)

2)

8	94	23	17
77	23	23	43
84	59	86	98
(515)	84	6	84
		−	(83)

3)

29	10	18	10
(345)	2	34	41
49	53	54	91
7	76	1	33
		−	(29)

4)

(353)	6	50	16
74	46	73	90
23	69	96	83
92	70	35	28
		−	(5)

Secret Trail
Answer Sheet

Use subtraction to find your way through the maze.

1)

51	69	95	34
8	28 — 83 — 81		
75	54	41	13
(370) — 32	4	36	

− (43)

2)

8	94	23	17
77 — 23 — 23 — 43			
84	59	86	98
(515)	84	6	84

− (83)

3)

29	10	18	10
(345)	2 — 34		41
49 — 53 — 54 — 91			
7	76	1	33

− (29)

4)

(353)	6	50	16
74 — 46		73	90
23	69 — 96		83
92	70	35 — 28	

− (5)

Secret Trail

Use subtraction to find your way through the maze.

1)

9	95	15	21
13	36	39	99
86	93	19	73
(578)	12	47	97
		−	(72)

2)

41	53	80	43
(341)	85	53	31
23	70	19	3
68	3	40	27
		−	(44)

3)

79	3	31	47
(401)	26	57	24
9	64	3	5
67	38	82	38
		−	(93)

4)

(331)	94	78	20
65	11	61	89
89	65	20	97
19	90	79	46
		−	(45)

Secret Trail
Answer Sheet

Use subtraction to find your way through the maze.

1)

9	95	15	21
13	36	39	99
86	93	19	73
578	12	47	97

− 72

2)

41	53	80	43
341	85	53	31
23	70	19	3
68	3	40	27

− 44

3)

79	3	31	47
401	26	57	24
9	64	3	5
67	38	82	38

− 93

4)

331	94	78	20
65	11	61	89
89	65	20	97
19	90	79	46

− 45

Count the Cubes

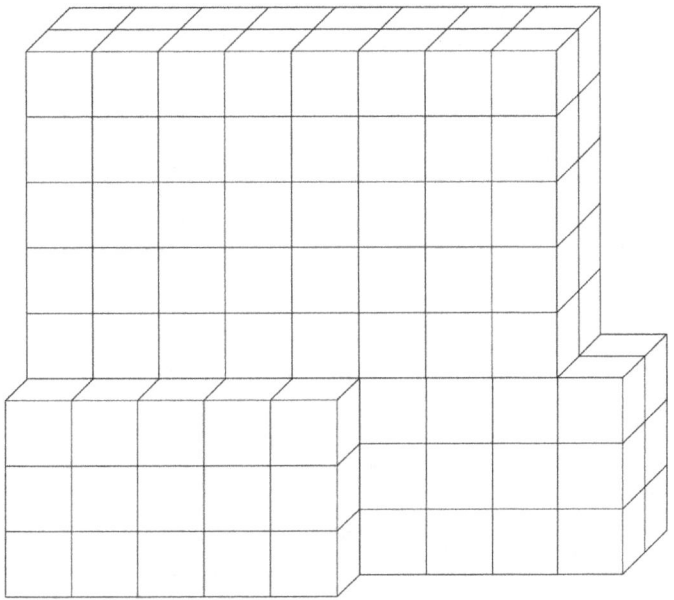

Count the Cubes

ANSWER SHEET

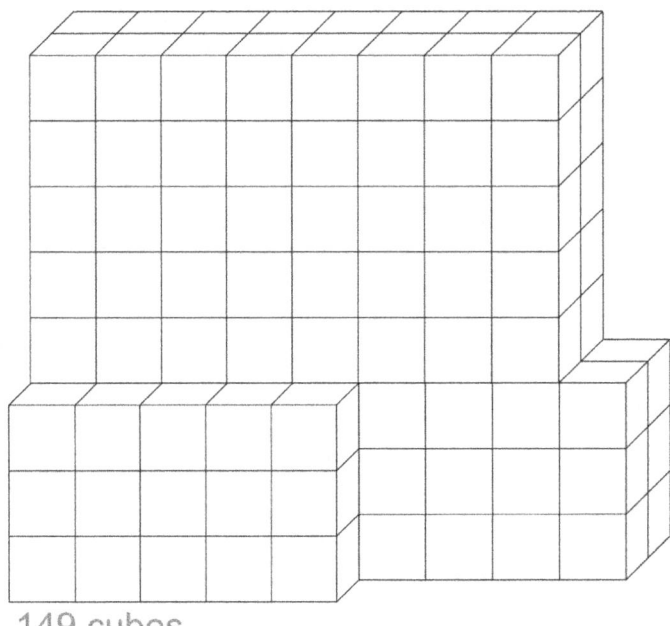

149 cubes

Count the Cubes

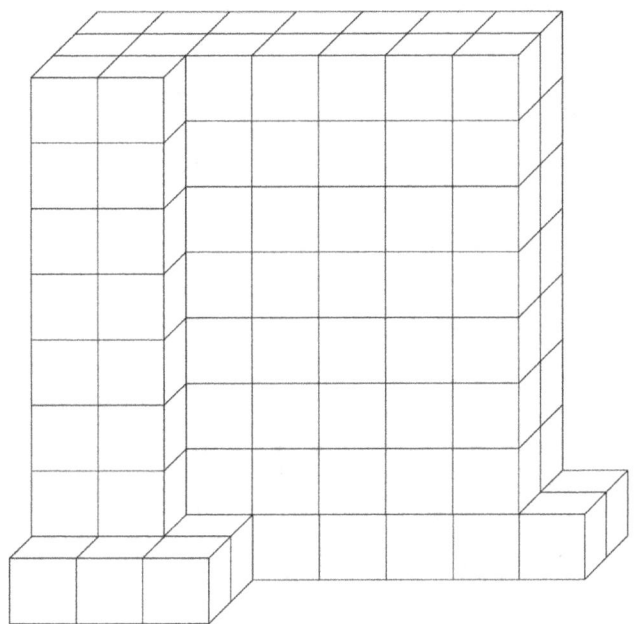

Count the Cubes
ANSWER SHEET

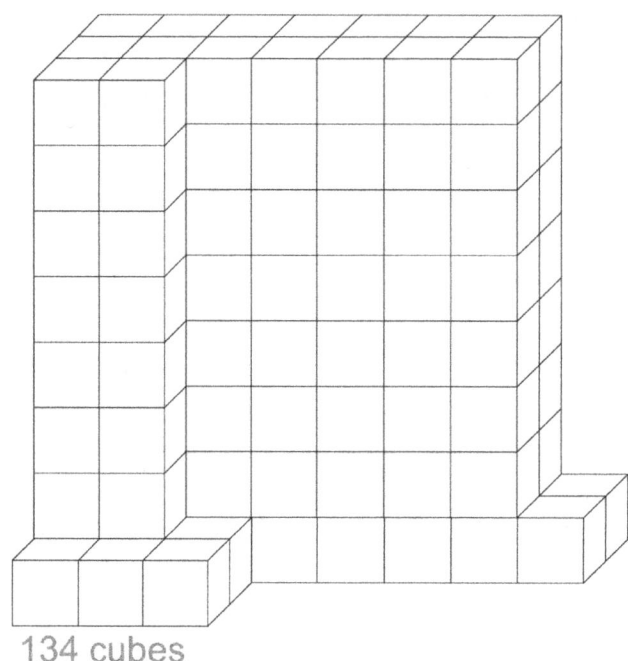
134 cubes

Fact Families

1.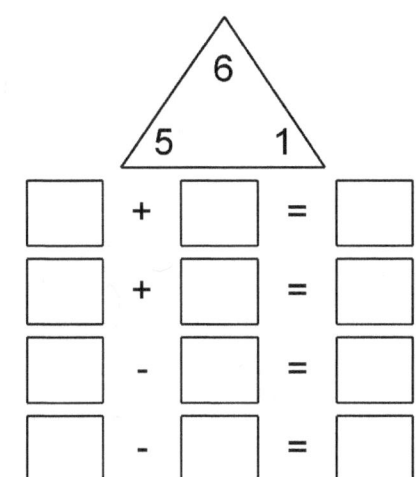

2.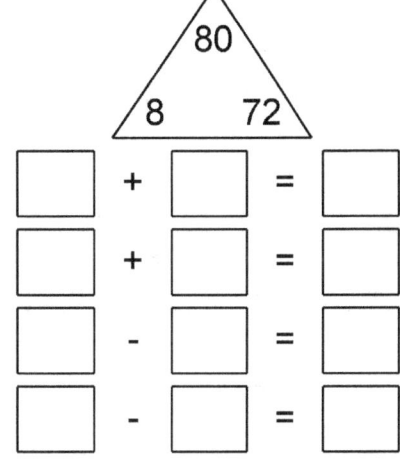

3.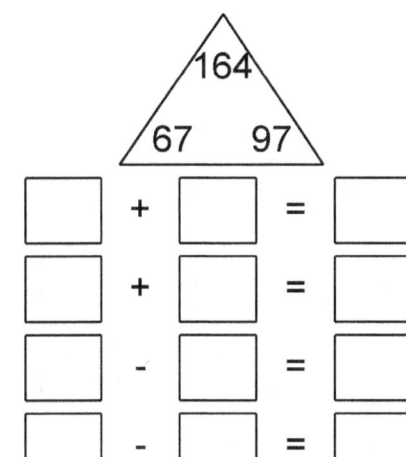

4.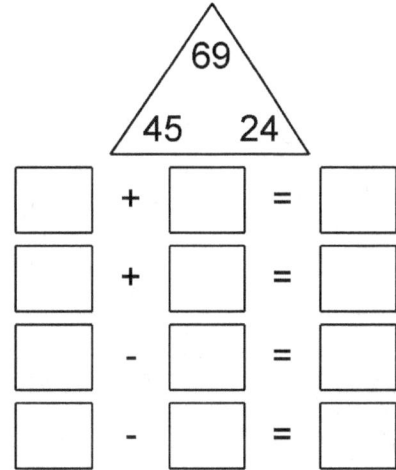

Fact Families
Answer Sheet

1.
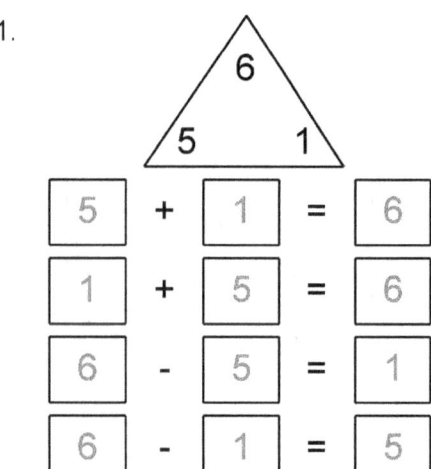

2.
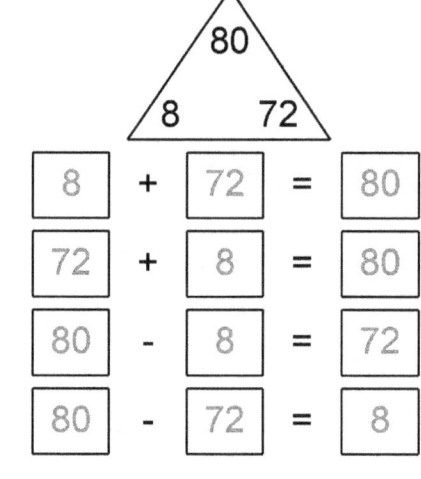

3.
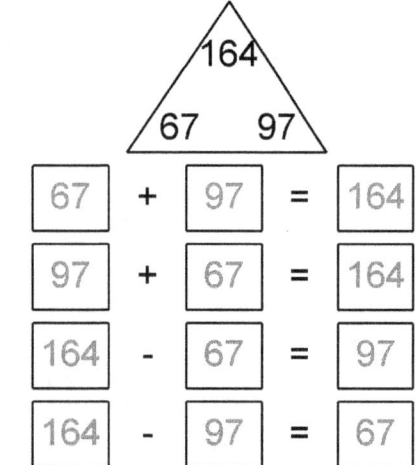

4.
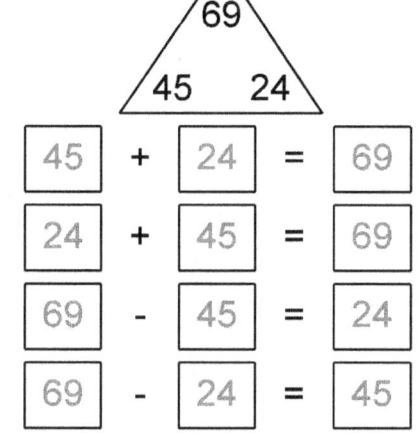

Fact Families

1.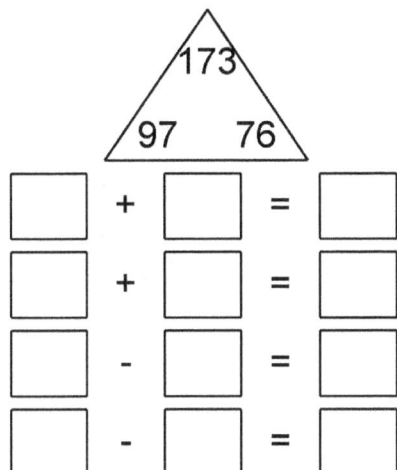

2.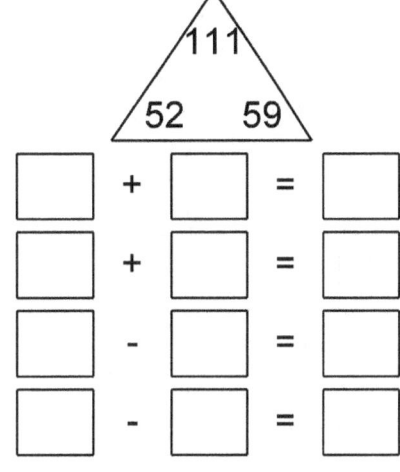

3.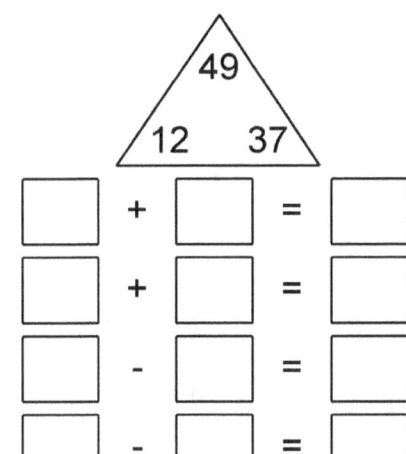

4.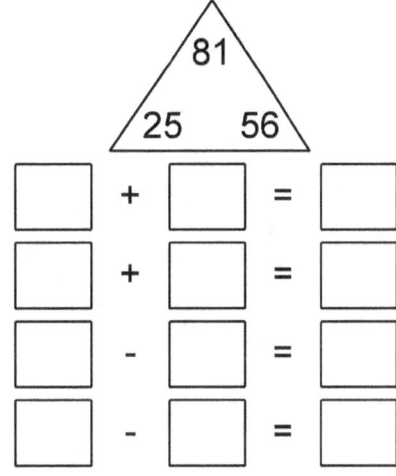

Fact Families
Answer Sheet

1.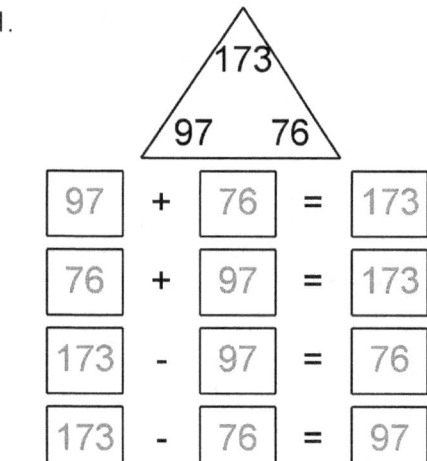

2.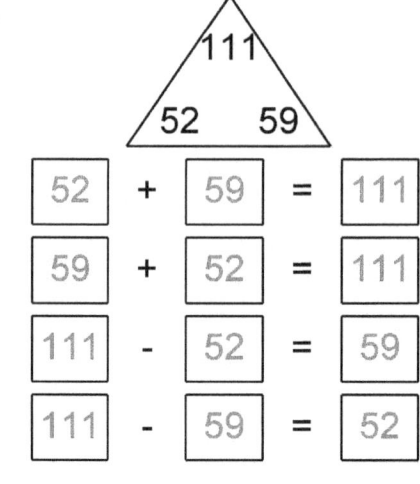

3.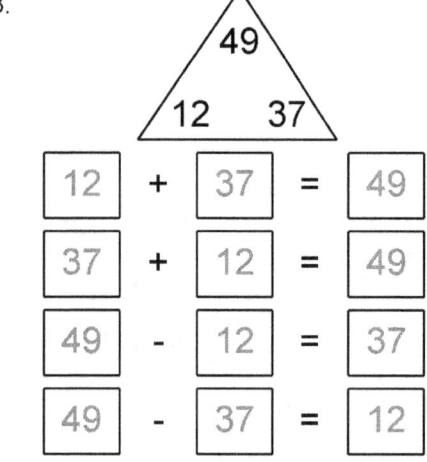

4.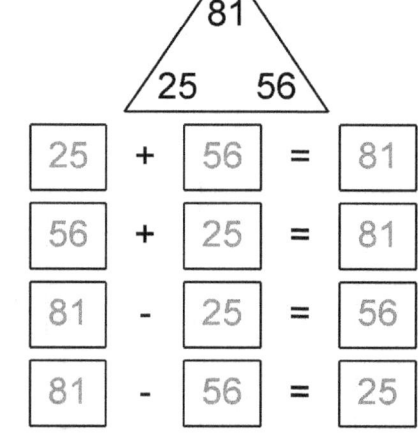

Secret Trail

Use subtraction to find your way through the maze.

1)

487	88	95	56
28	10	63	52
6	89	85	70
95	2	7	28
		−	13

2)

13	85	28	75
440	15	6	39
52	12	70	58
36	99	1	73
		−	51

3)

366	82	18	13
12	24	25	48
97	92	90	13
83	96	68	31
		−	49

4)

601	26	69	42
61	74	90	18
76	98	93	94
70	89	85	97
		−	93

Secret Trail
Answer Sheet

Use subtraction to find your way through the maze.

1)

487	88	95	56
28	10	63	52
6	89	85	70
95	2	7	28
		−	13

2)

13	85	28	75
440	15	6	39
52	12	70	58
36	99	1	73
		−	51

3)

366	82	18	13
12	24	25	48
97	92	90	13
83	96	68	31
		−	49

4)

601	26	69	42
61	74	90	18
76	98	93	94
70	89	85	97
		−	93

Secret Trail

Use addition to find your way through the maze.

1)

39	43	91	4
72	39	31	24
62	12	75	70
(67)	31	25	34

+ (244)

2)

21	84	52	17
(69)	13	86	13
12	31	23	94
28	4	21	19

+ (175)

3)

8	76	10	68
86	29	19	64
60	63	29	11
(54)	65	3	29

+ (438)

4)

60	26	39	8
69	30	5	90
(60)	9	9	29
34	8	54	51

+ (220)

Secret Trail
Answer Sheet

Use addition to find your way through the maze.

1)

39	43	91	4
72	39	31	24
62	12	75	70
67	31	25	34

+ 244

2)

21	84	52	17
69	13	86	13
12	31	23	94
28	4	21	19

+ 175

3)

8	76	10	68
86	29	19	64
60	63	29	11
54	65	3	29

+ 438

4)

60	26	39	8
69	30	5	90
60	9	9	29
34	8	54	51

+ 220

Count the Cubes

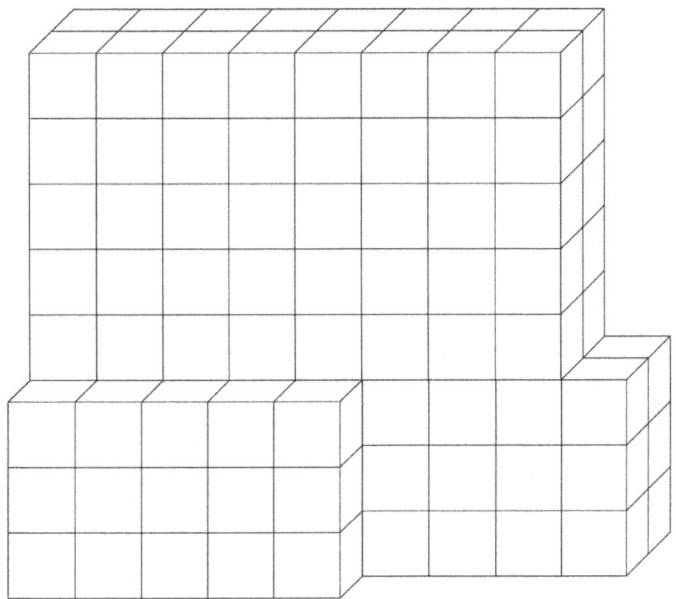

Count the Cubes

ANSWER SHEET

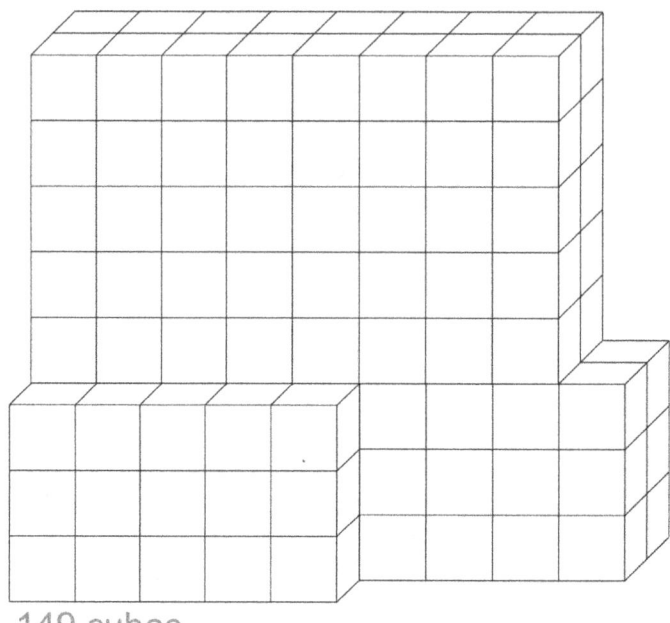

149 cubes

Subtraction

1)   25
   − 15

2)   258
   − 135

3)   941
   − 510

4)   443
   − 222

5)   526
   − 205

6)   896
   − 786

7)   639
   − 536

8)   86
   − 20

9)   832
   − 430

10) 589
   − 160

11) 533
   − 432

12) 37
   − 22

13) 29
   − 11

14) 989
   − 404

15) 710
   − 300

16) 391
   − 21

17) 85
   − 61

18) 690
   − 540

19) 936
   − 613

20) 701
   − 400

Subtraction
Answer Sheet

1) 25 − 15 = 10

2) 258 − 135 = 123

3) 941 − 510 = 431

4) 443 − 222 = 221

5) 526 − 205 = 321

6) 896 − 786 = 110

7) 639 − 536 = 103

8) 86 − 20 = 66

9) 832 − 430 = 402

10) 589 − 160 = 429

11) 533 − 432 = 101

12) 37 − 22 = 15

13) 29 − 11 = 18

14) 989 − 404 = 585

15) 710 − 300 = 410

16) 391 − 21 = 370

17) 85 − 61 = 24

18) 690 − 540 = 150

19) 936 − 613 = 323

20) 701 − 400 = 301

Secret Trail

Use addition to find your way through the maze.

1)

43	40	6	31
52	44	58	9
(40)	78	38	8
57	73	23	53

+ (313)

2)

(47)	7	32	52
98	34	71	91
53	22	33	11
11	61	28	64

+ (282)

3)

(32)	51	23	94
46	42	36	65
86	62	95	47
76	39	22	25

+ (443)

4)

86	6	95	11
44	6	35	39
99	22	26	98
(30)	17	10	43

+ (392)

Secret Trail
Answer Sheet

Use addition to find your way through the maze.

1)
43	40	6	31
52	44	58	9
(40)	78	38	8
57	73	23	53

+ (313)

2)
(47)	7	32	52
98	34	71	91
53	22	33	11
11	61	28	64

+ (282)

3)
(32)	51	23	94
46	42	36	65
86	62	95	47
76	39	22	25

+ (443)

4)
86	6	95	11
44	6	35	39
99	22	26	98
(30)	17	10	43

+ (392)

Add.

1.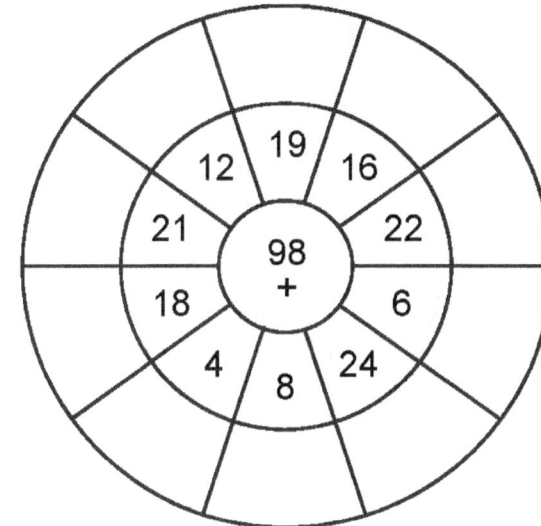

2.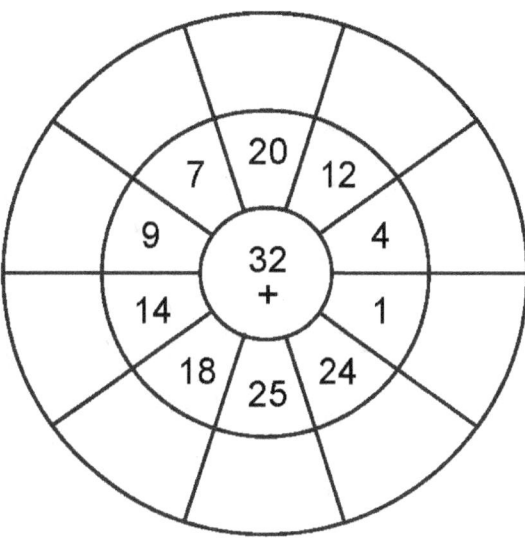

3.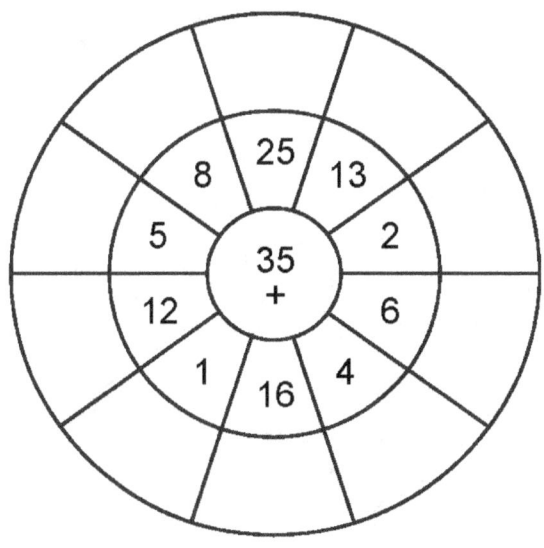

4.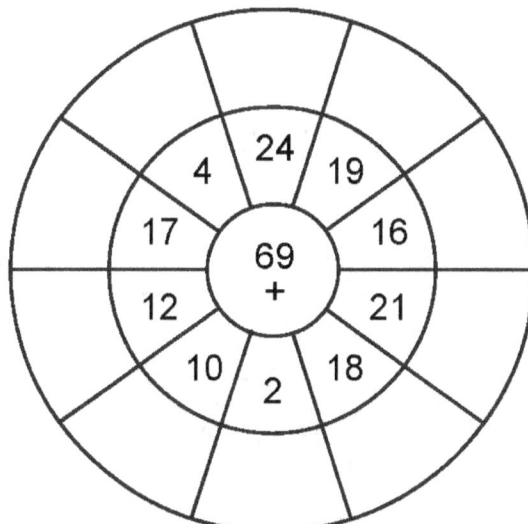

Add.

1.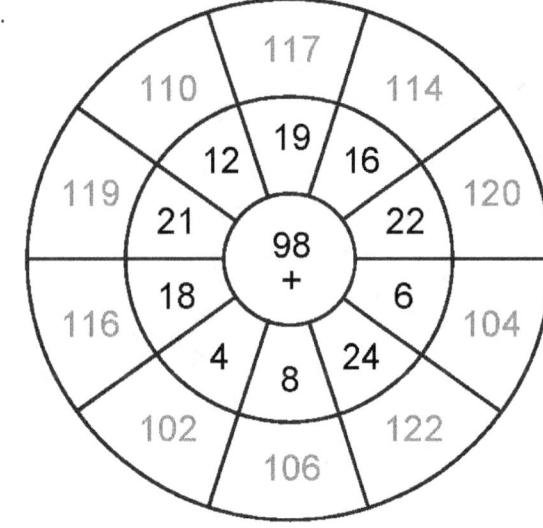
2.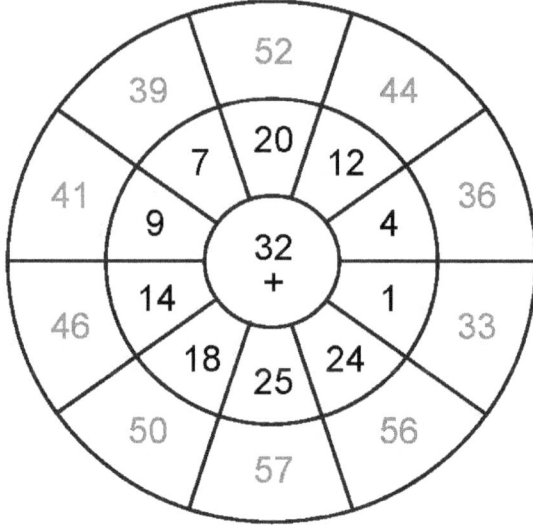
3.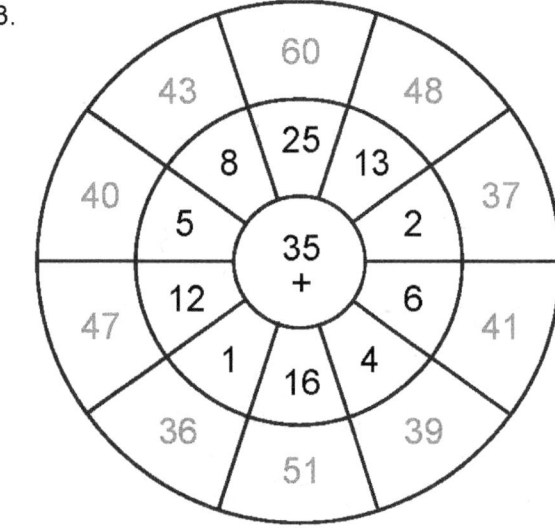
4.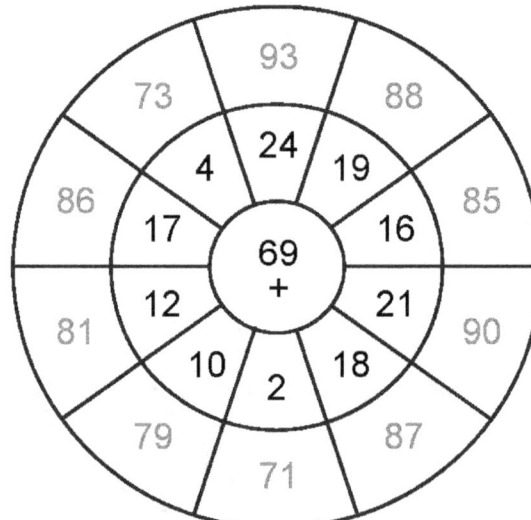

Secret Trail

Use addition to find your way through the maze.

1)

79	23	18	65
68	29	54	98
(81)	82	17	46
94	82	40	52

+ (530)

2)

63	4	98	84
13	39	67	1
1	88	58	5
(40)	93	99	34

+ (226)

3)

21	34	44	84
(46)	53	66	54
81	45	55	35
17	6	90	82

+ (464)

4)

11	19	59	66
(67)	83	50	65
68	40	96	94
41	89	18	12

+ (455)

Secret Trail
Answer Sheet

Use addition to find your way through the maze.

1)

79	23	18	65
68	29	54	98
(81)	82	17	46
94	82	40	52

+ (530)

2)

63	4	98	84
13	39	67	1
1	88	58	5
(40)	93	99	34

+ (226)

3)

21	34	44	84
(46)	53	66	54
81	45	55	35
17	6	90	82

+ (464)

4)

11	19	59	66
(67)	83	50	65
68	40	96	94
41	89	18	12

+ (455)

Secret Trail

Use subtraction to find your way through the maze.

1)

80	12	20	69
53	23	38	56
7	68	87	45
(369)	87	17	92

− (18)

2)

3	79	26	25
(243)	49	29	74
54	28	1	22
26	39	55	85

− (24)

3)

(343)	71	52	96
23	40	44	6
75	22	92	47
52	6	64	97

− (26)

4)

(394)	29	86	44
56	63	91	95
98	94	37	35
81	30	32	59

− (38)

Secret Trail
Answer Sheet

Use subtraction to find your way through the maze.

1)

80	12	20	69
53	23	38	56
7	68	87	45
(369)	87	17	92

− (18)

2)

3	79	26	25
(243)	49	29	74
54	28	1	22
26	39	55	85

− (24)

3)

(343)	71	52	96
23	40	44	6
75	22	92	47
52	6	64	97

− (26)

4)

(394)	29	86	44
56	63	91	95
98	94	37	35
81	30	32	59

− (38)

Secret Trail

Use subtraction to find your way through the maze.

1)

95	38	28	34
90	85	81	54
81	19	48	19
(456)	86	51	27

− (55)

2)

76	43	19	68
14	48	49	42
21	93	1	64
(285)	78	41	7

− (99)

3)

7	39	8	66
24	21	81	12
(332)	79	62	97
3	7	83	71

− (8)

4)

75	62	81	61
82	90	79	92
70	92	81	90
(578)	41	8	12

− (82)

Secret Trail
Answer Sheet

Use subtraction to find your way through the maze.

1)

95	38	28	34
90	85	81	54
81	19	48	19
(456)	86	51	27

− (55)

2)

76	43	19	68
14	48	49	42
21	93	1	64
(285)	78	41	7

− (99)

3)

7	39	8	66
24	21	81	12
(332)	79	62	97
3	7	83	71

− (8)

4)

75	62	81	61
82	90	79	92
70	92	81	90
(578)	41	8	12

− (82)

Count the Cubes

Count the Cubes

ANSWER SHEET

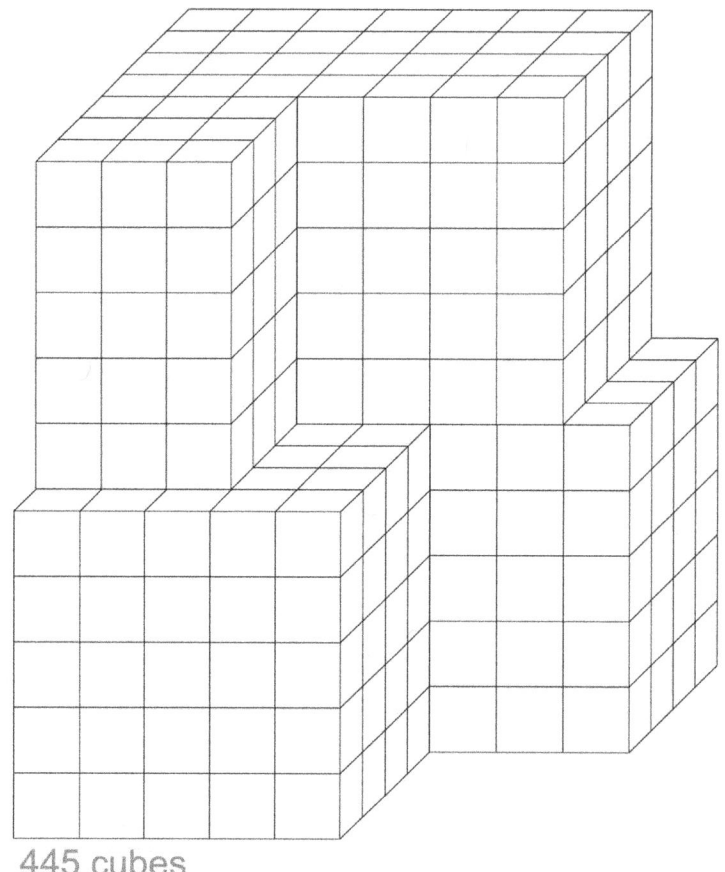

445 cubes

Secret Trail

Use subtraction to find your way through the maze.

1)

22	63	54	48
66	87	30	43
(467)	67	13	53
2	49	73	54

− (5)

2)

90	30	65	69
64	70	85	58
90	39	21	16
(470)	23	55	71

− (16)

3)

11	57	25	66
71	8	66	41
36	30	76	54
(403)	80	48	32

− (68)

4)

6	17	38	14
58	93	68	90
(496)	48	10	27
89	45	58	81

− (76)

Secret Trail
Answer Sheet

Use subtraction to find your way through the maze.

1)

22	63	54	48
66	87	30	43
(467)	67	13	53
2	49	73	54

− (5)

2)

90	30	65	69
64	70	85	58
90	39	21	16
(470)	23	55	71

− (16)

3)

11	57	25	66
71	8	66	41
36	30	76	54
(403)	80	48	32

− (68)

4)

6	17	38	14
58	93	68	90
(496)	48	10	27
89	45	58	81

− (76)

Secret Trail

Use addition to find your way through the maze.

1)

58	89	31	50
54	66	69	4
(73)	91	84	6
34	28	49	64

+ (615)

2)

80	65	65	16
88	90	81	92
59	74	7	32
(25)	13	45	72

+ (460)

3)

96	62	55	18
(32)	41	84	67
15	82	71	95
1	72	73	65

+ (689)

4)

70	42	3	79
69	99	49	57
95	92	63	72
(49)	79	40	34

+ (357)

Secret Trail
Answer Sheet

Use addition to find your way through the maze.

1)
58	89	31	50
54	66—69		4
(73)—91—84			6
34	28	49	64

+ (615)

2)
80	65	65	16
88—90		81	92
59	74—7		32
(25)	13	45—72	

+ (460)

3)
96—62		55	18
(32)	41	84	67
15	82	71—95	
1	72—73		65

+ (689)

4)
70	42	3	79
69	99	49	57
95	92—63		72
(49)—79		40—34	

+ (357)

Add.

1.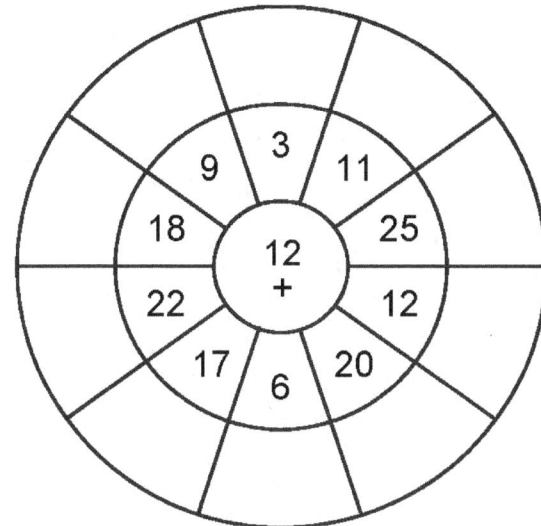

2.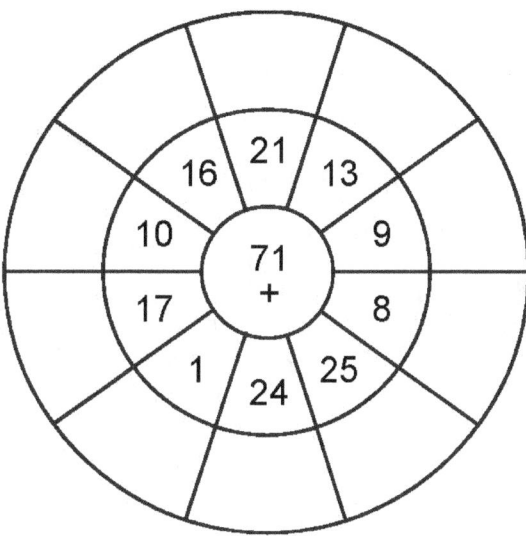

3.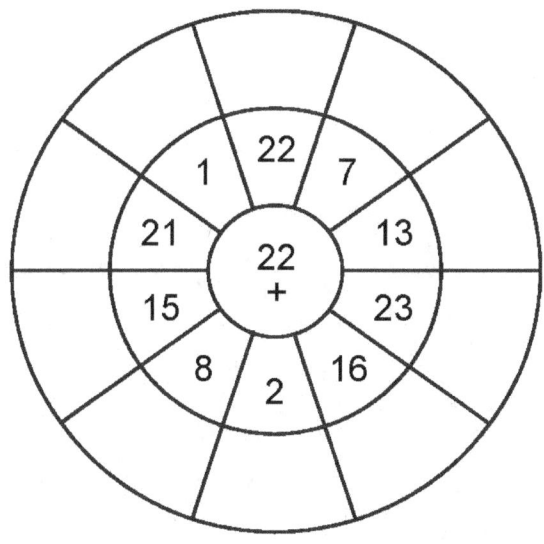

4.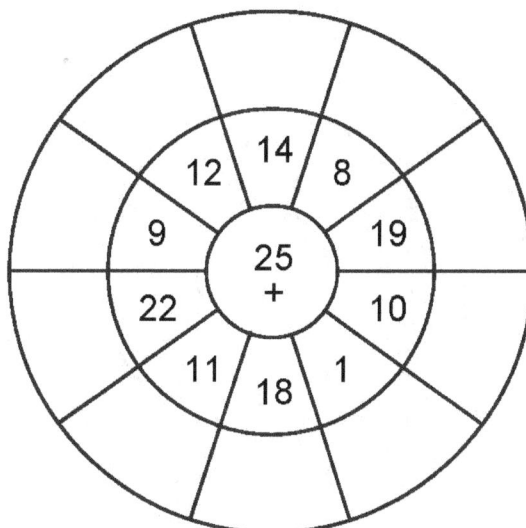

Add.

1.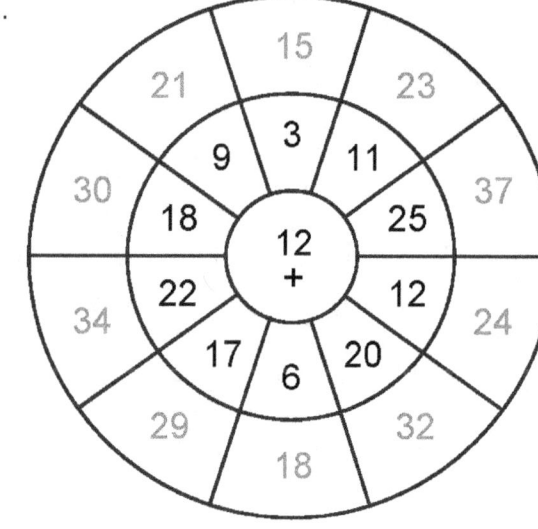

2.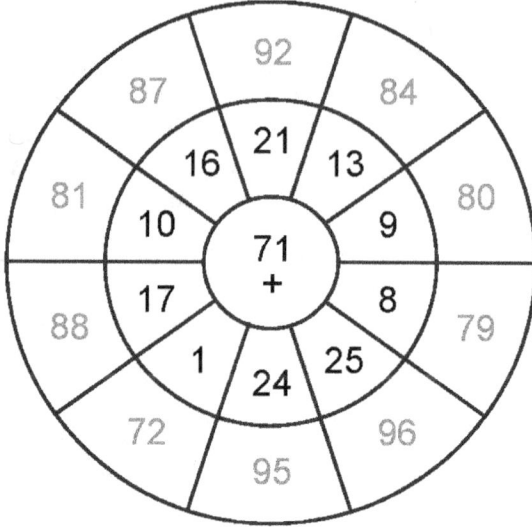

3.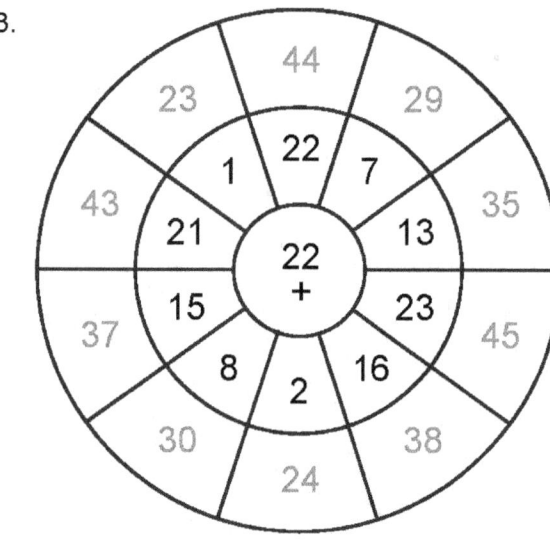

4.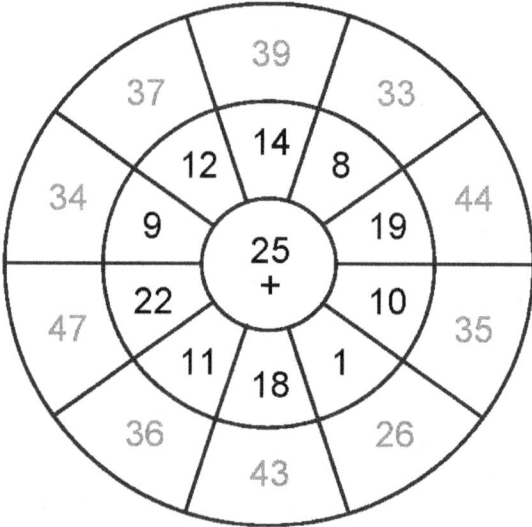

Secret Trail

Use addition to find your way through the maze.

1)

35	52	74	58
71	92	3	64
82	89	5	58
(78)	64	28	35

+ (299)

2)

41	34	12	17
(44)	38	48	64
53	83	94	19
26	16	5	96

+ (325)

3)

56	23	43	5
(84)	18	37	73
43	31	47	57
58	28	14	77

+ (277)

4)

42	30	94	59
90	14	26	94
19	9	9	46
(57)	74	99	62

+ (382)

Secret Trail
Answer Sheet

Use addition to find your way through the maze.

1)

35	52	74	58
71	92	3	64
82	89	5	58
78	64	28	35

+ 299

2)

41	34	12	17
44	38	48	64
53	83	94	19
26	16	5	96

+ 325

3)

56	23	43	5
84	18	37	73
43	31	47	57
58	28	14	77

+ 277

4)

42	30	94	59
90	14	26	94
19	9	9	46
57	74	99	62

+ 382

Addition

1) 351 + 105

2) 553 + 232

3) 211 + 177

4) 26 + 500

5) 10 + 210

6) 641 + 123

7) 401 + 118

8) 612 + 220

9) 815 + 172

10) 401 + 156

11) 228 + 320

12) 280 + 603

13) 225 + 541

14) 165 + 110

15) 322 + 250

16) 221 + 423

17) 616 + 200

18) 538 + 320

19) 66 + 222

20) 133 + 330

Addition
Answer Sheet

1) 351
  + 105

    456

2) 553
  + 232

    785

3) 211
  + 177

    388

4)   26
  + 500

    526

5)   10
  + 210

    220

6) 641
  + 123

    764

7) 401
  + 118

    519

8) 612
  + 220

    832

9) 815
  + 172

    987

10) 401
  + 156

    557

11) 228
  + 320

    548

12) 280
  + 603

    883

13) 225
  + 541

    766

14) 165
  + 110

    275

15) 322
  + 250

    572

16) 221
  + 423

    644

17) 616
  + 200

    816

18) 538
  + 320

    858

19) 66
  + 222

    288

20) 133
  + 330

    463

Addition

1) 8,693 + 1,002

2) 2,626 + 2,143

3) 6,416 + 2,050

4) 2,693 + 4,202

5) 3,416 + 4,510

6) 7,818 + 1,171

7) 4,081 + 2,700

8) 2,263 + 104

9) 3,373 + 5,012

10) 1,777 + 3,011

11) 5,010 + 3,271

12) 4,858 + 5,010

13) 4,027 + 770

14) 7,007 + 1,541

15) 6,166 + 1,702

16) 5,003 + 3,880

17) 227 + 9,220

18) 410 + 5,215

19) 3,912 + 5,043

20) 8,300 + 1,262

Addition
Answer Sheet

1)   8,693
 + 1,002
    9,695

2)   2,626
 + 2,143
    4,769

3)   6,416
 + 2,050
    8,466

4)   2,693
 + 4,202
    6,895

5)   3,416
 + 4,510
    7,926

6)   7,818
 + 1,171
    8,989

7)   4,081
 + 2,700
    6,781

8)   2,263
 +   104
    2,367

9)   3,373
 + 5,012
    8,385

10)   1,777
 + 3,011
    4,788

11)   5,010
 + 3,271
    8,281

12)   4,858
 + 5,010
    9,868

13)   4,027
 +   770
    4,797

14)   7,007
 + 1,541
    8,548

15)   6,166
 + 1,702
    7,868

16)   5,003
 + 3,880
    8,883

17)   227
 + 9,220
    9,447

18)   410
 + 5,215
    5,625

19)   3,912
 + 5,043
    8,955

20)   8,300
 + 1,262
    9,562

Multiply.

1.
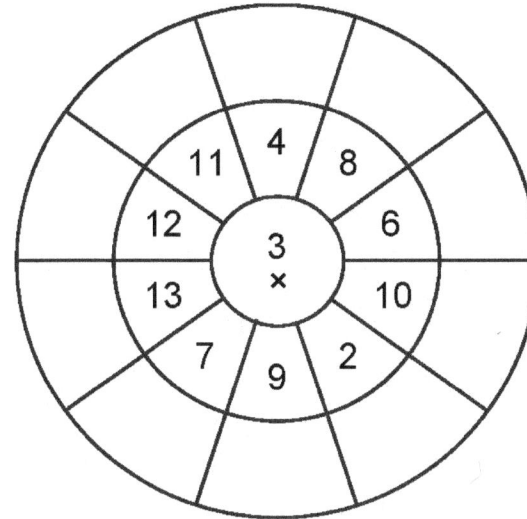

2.
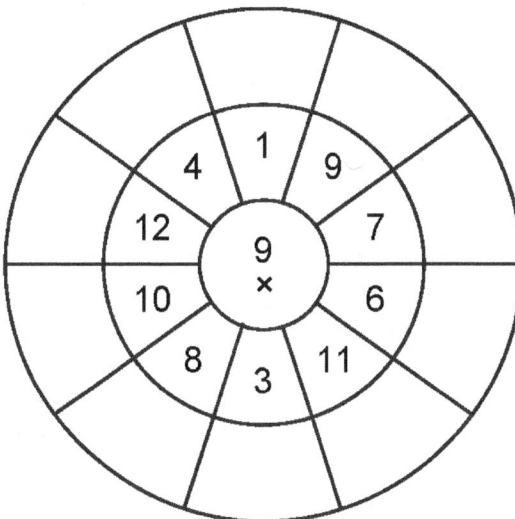

3.
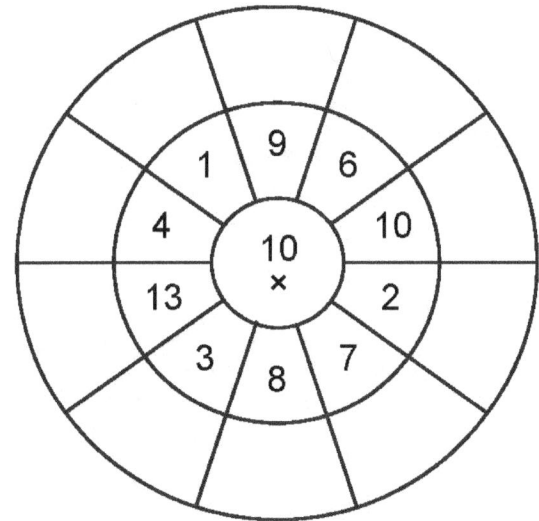

4.
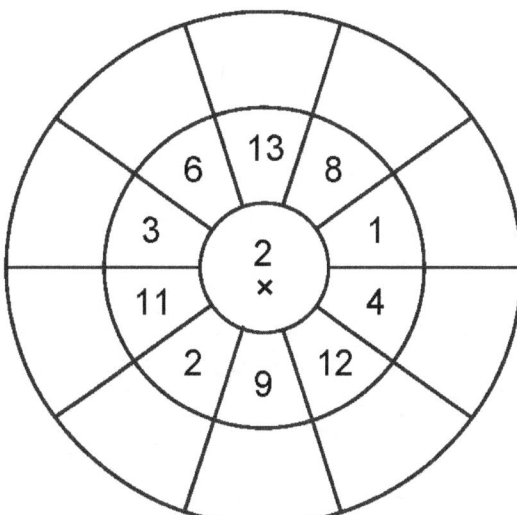

Multiply.

1.
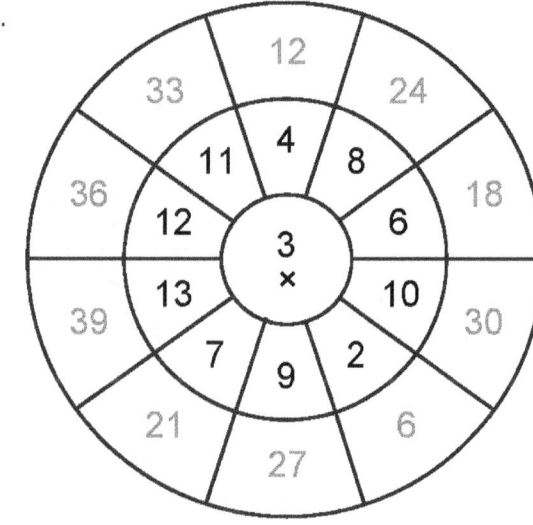

2.
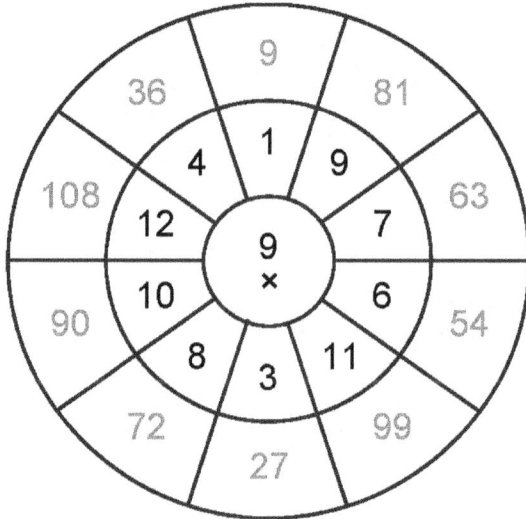

3.
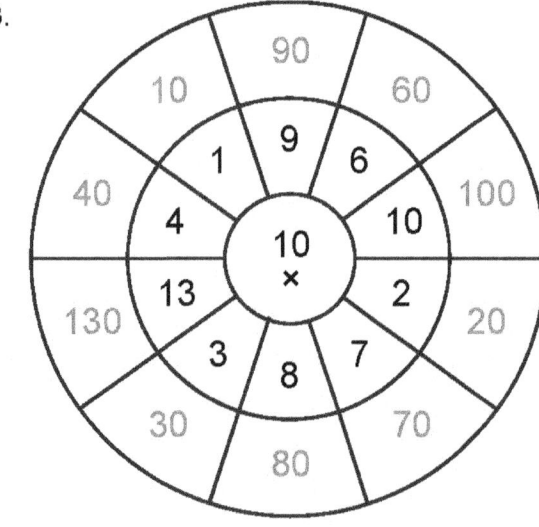

4.
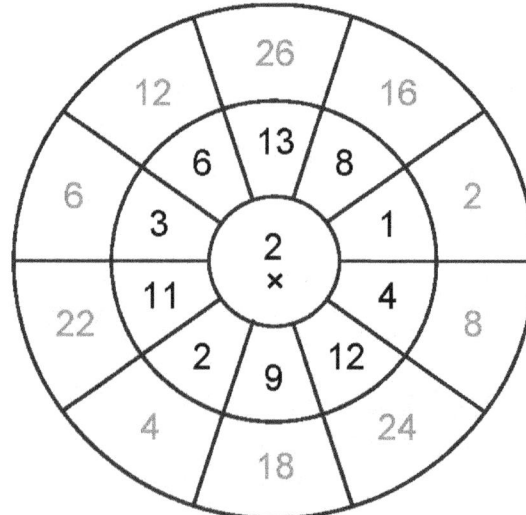

Fact Families

1.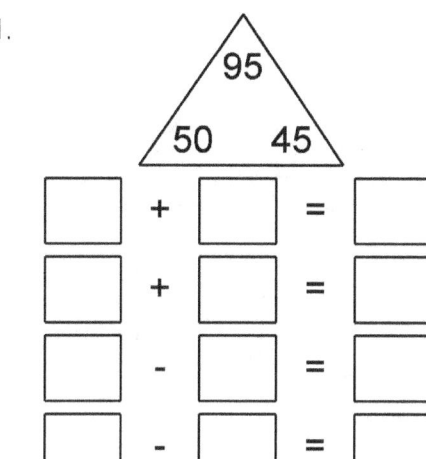

2.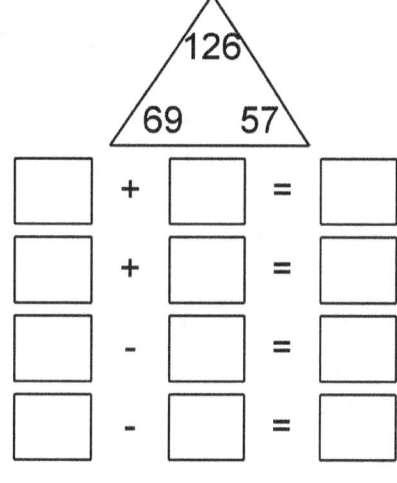

3.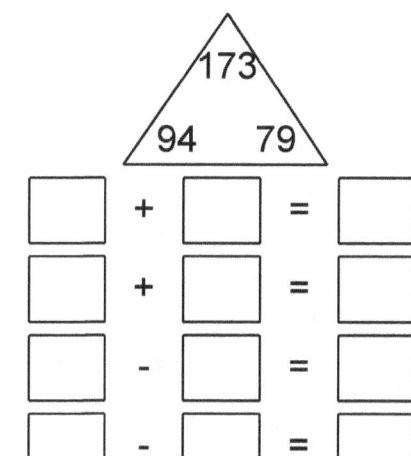

4.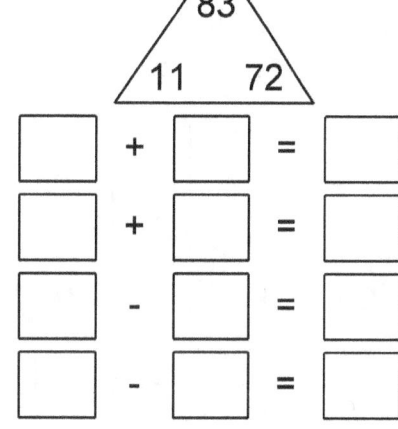

Fact Families
Answer Sheet

1.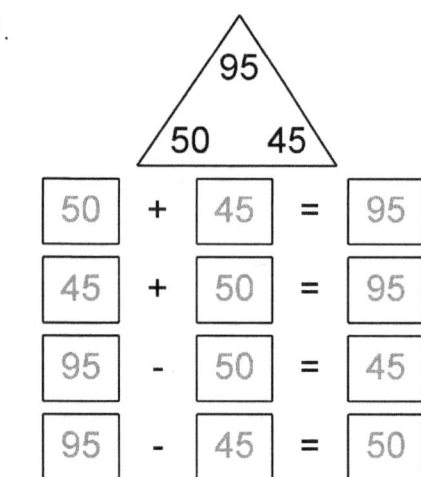

2.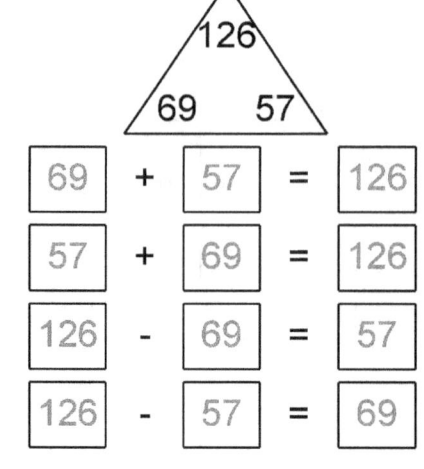

3.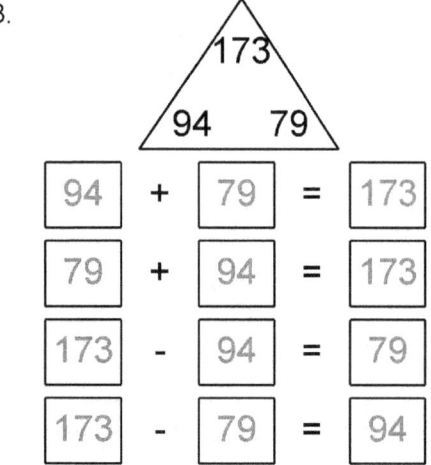

4.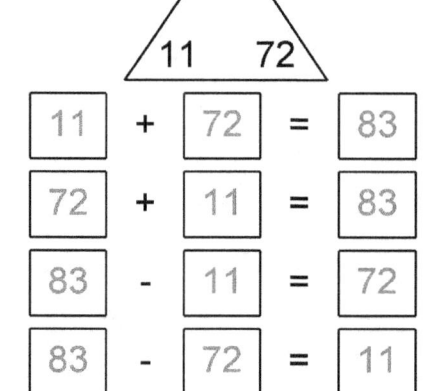

Count the Cubes

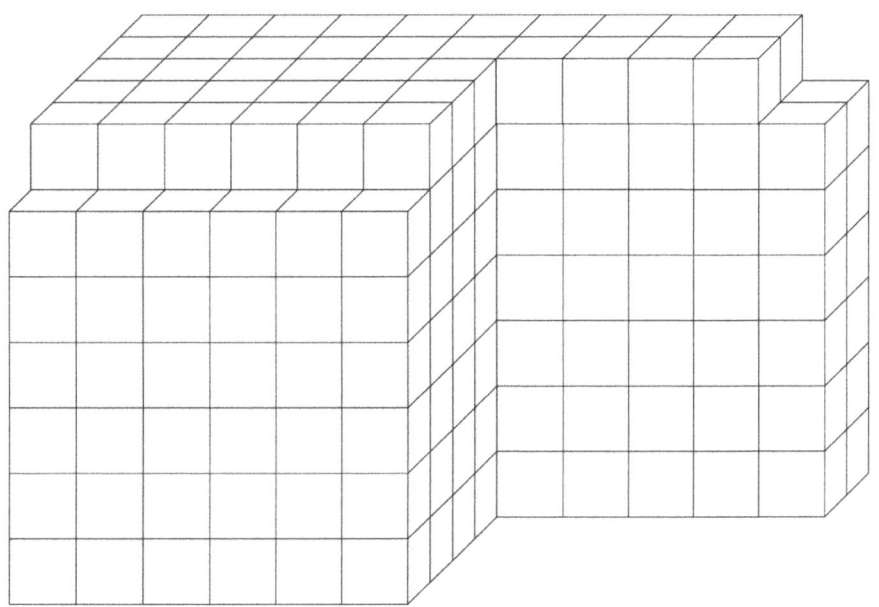

Count the Cubes
ANSWER SHEET

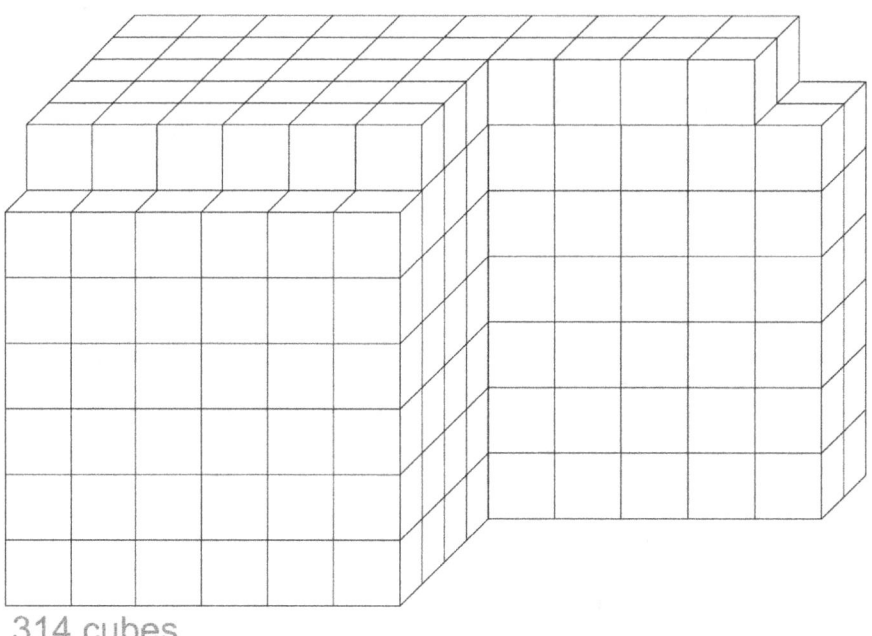

314 cubes

Add.

1.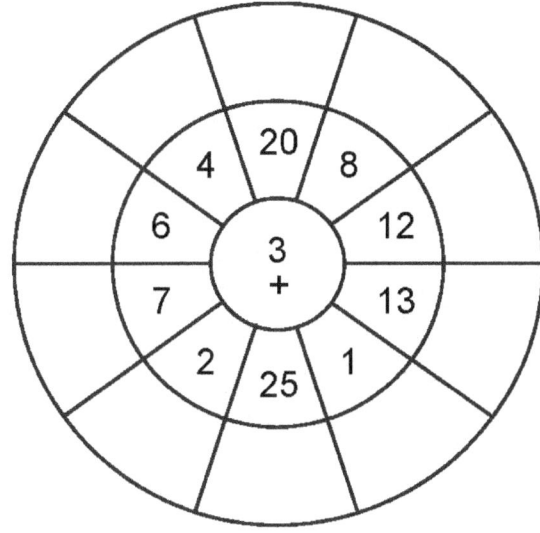

2.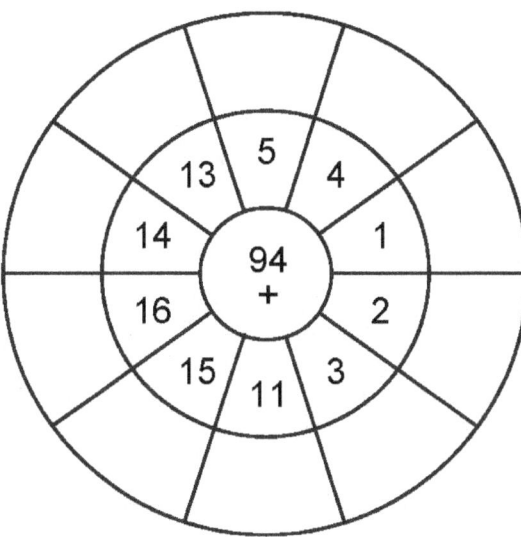

3.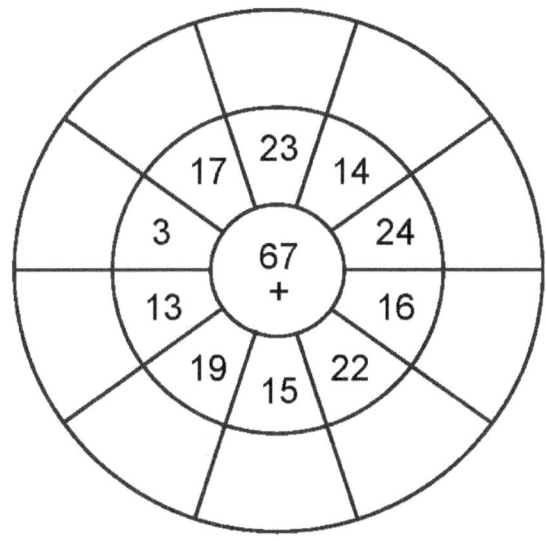

4.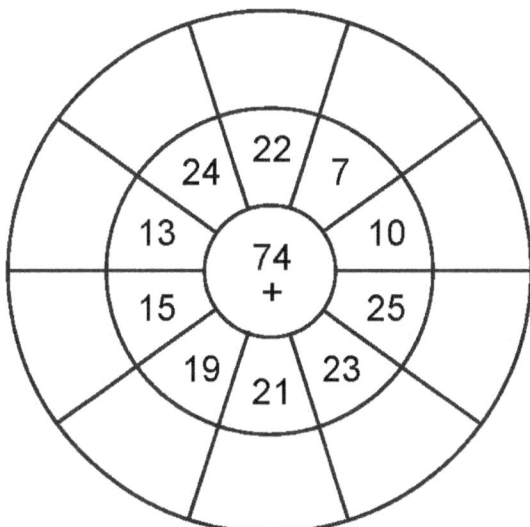

Add.

1.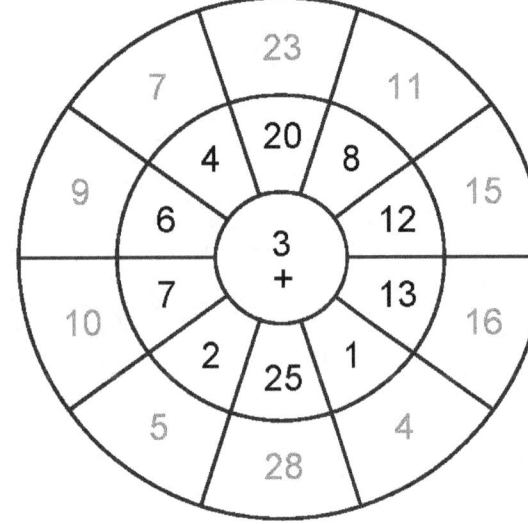

2.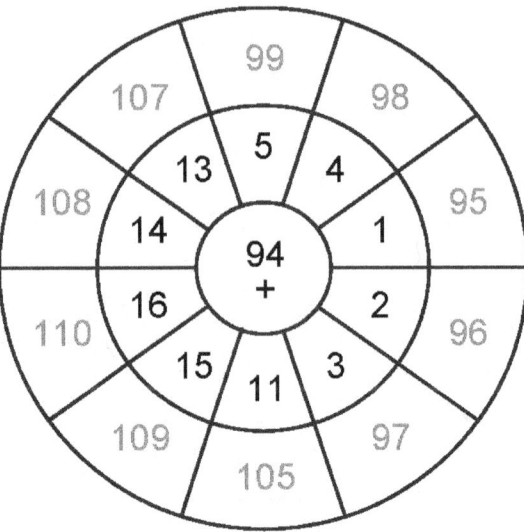

3.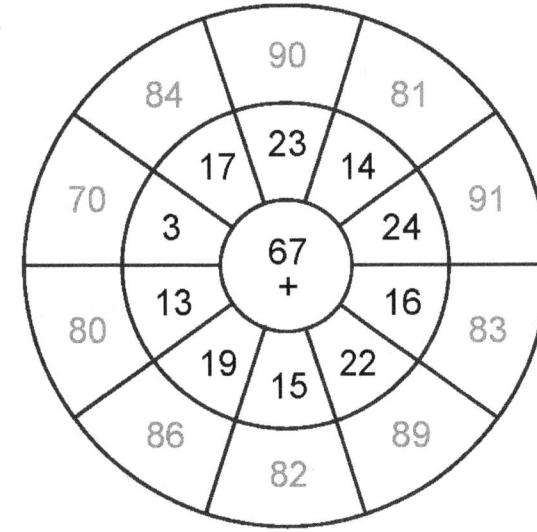

4.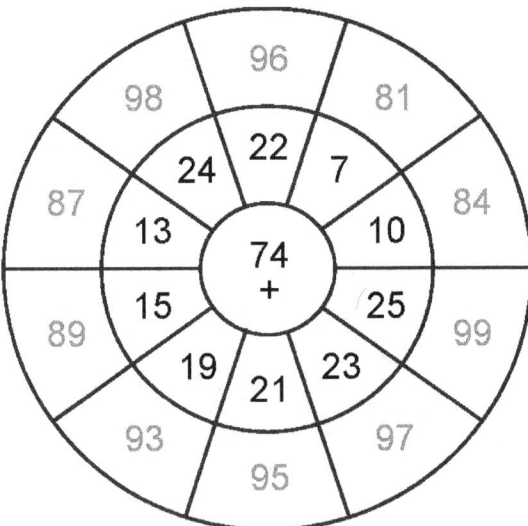

Secret Trail

Use subtraction to find your way through the maze.

1)

552	33	2	90
29	62	43	77
73	66	57	57
99	37	81	85
		−	56

2)

505	43	34	43
74	72	32	93
84	49	57	17
83	61	48	70
		−	85

3)

330	26	58	15
75	92	9	95
17	6	48	74
19	43	79	25
		−	72

4)

379	79	27	17
82	60	70	96
44	14	85	61
89	6	10	86
		−	22

Secret Trail
Answer Sheet

Use subtraction to find your way through the maze.

1)

552	33	2	90
29	62	43	77
73	66	57	57
99	37	81	85

− 56

2)

505	43	34	43
74	72	32	93
84	49	57	17
83	61	48	70

− 85

3)

330	26	58	15
75	92	9	95
17	6	48	74
19	43	79	25

− 72

4)

379	79	27	17
82	60	70	96
44	14	85	61
89	6	10	86

− 22

Addition

1)   8,693
 + 1,002

2)   2,626
 + 2,143

3)   6,416
 + 2,050

4)   2,693
 + 4,202

5)   3,416
 + 4,510

6)   7,818
 + 1,171

7)   4,081
 + 2,700

8)   2,263
 +   104

9)   3,373
 + 5,012

10)   1,777
 + 3,011

11)   5,010
 + 3,271

12)   4,858
 + 5,010

13)   4,027
 +   770

14)   7,007
 + 1,541

15)   6,166
 + 1,702

16)   5,003
 + 3,880

17)   227
 + 9,220

18)   410
 + 5,215

19)   3,912
 + 5,043

20)   8,300
 + 1,262

Addition
Answer Sheet

1)   8,693
 + 1,002
   9,695

2)   2,626
 + 2,143
   4,769

3)   6,416
 + 2,050
   8,466

4)   2,693
 + 4,202
   6,895

5)   3,416
 + 4,510
   7,926

6)   7,818
 + 1,171
   8,989

7)   4,081
 + 2,700
   6,781

8)   2,263
 +   104
   2,367

9)   3,373
 + 5,012
   8,385

10)   1,777
 + 3,011
   4,788

11)   5,010
 + 3,271
   8,281

12)   4,858
 + 5,010
   9,868

13)   4,027
 +   770
   4,797

14)   7,007
 + 1,541
   8,548

15)   6,166
 + 1,702
   7,868

16)   5,003
 + 3,880
   8,883

17)   227
 + 9,220
   9,447

18)   410
 + 5,215
   5,625

19)   3,912
 + 5,043
   8,955

20)   8,300
 + 1,262
   9,562

Count the Cubes

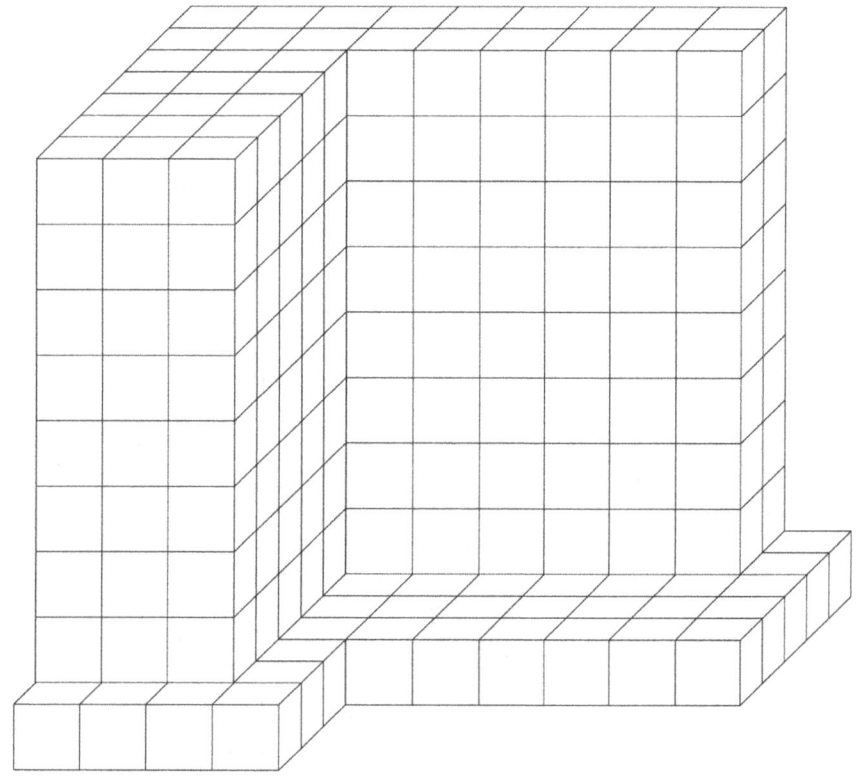

Count the Cubes
ANSWER SHEET

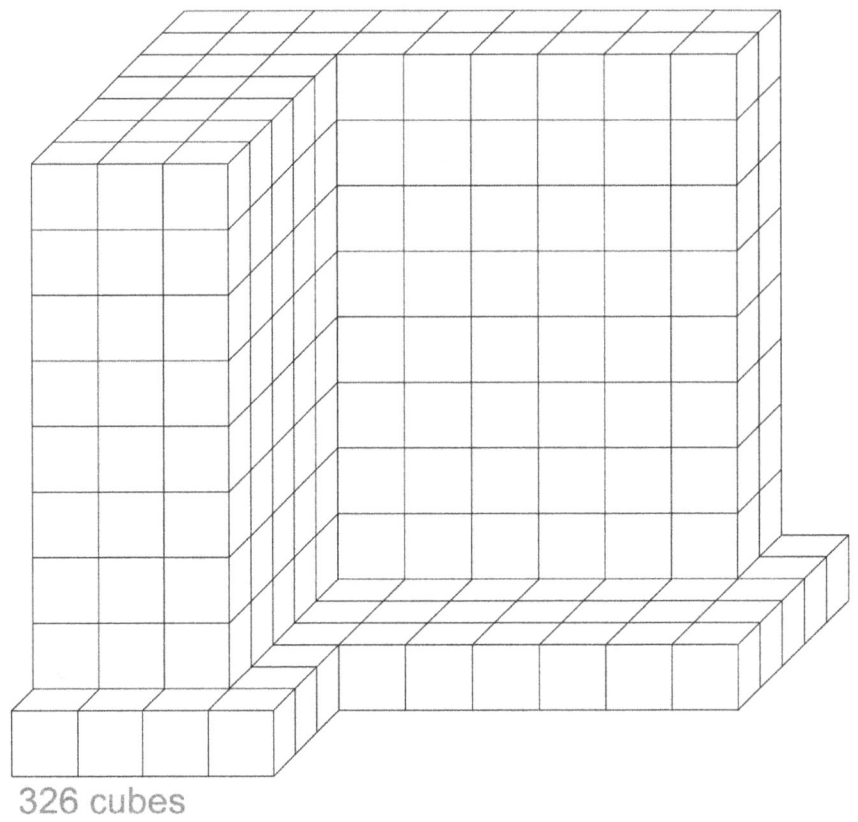
326 cubes

Add.

1.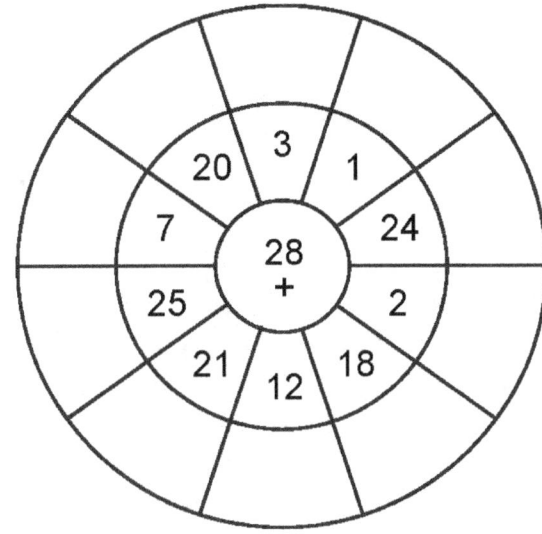

2.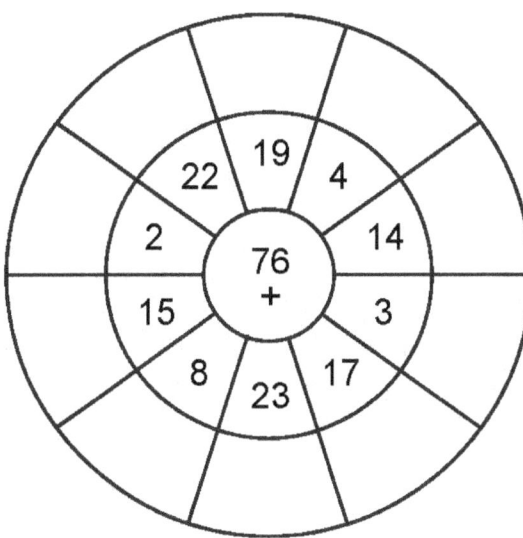

3.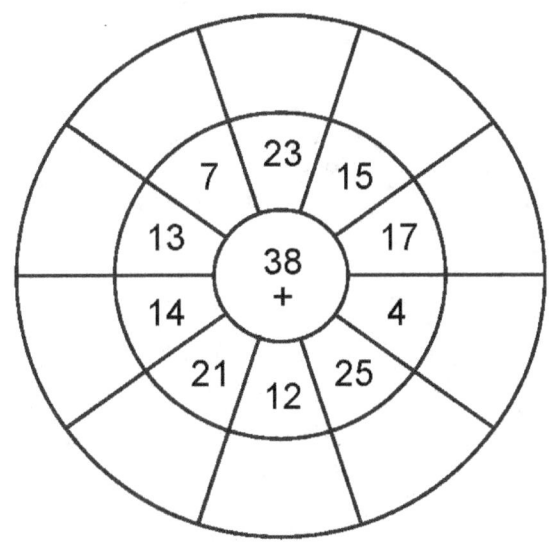

4.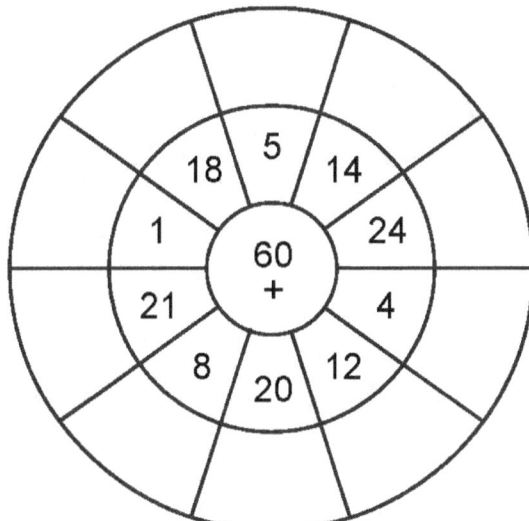

Add.

1.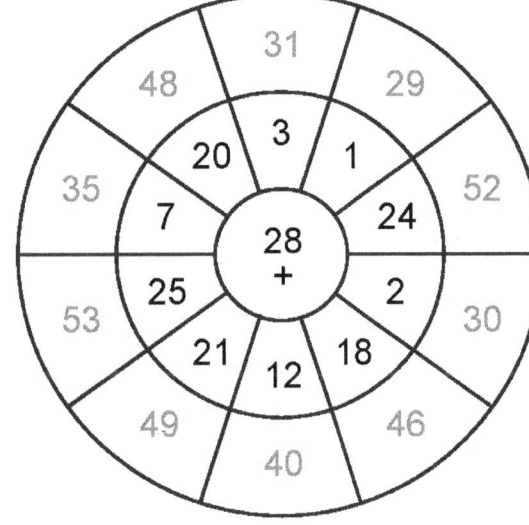

2.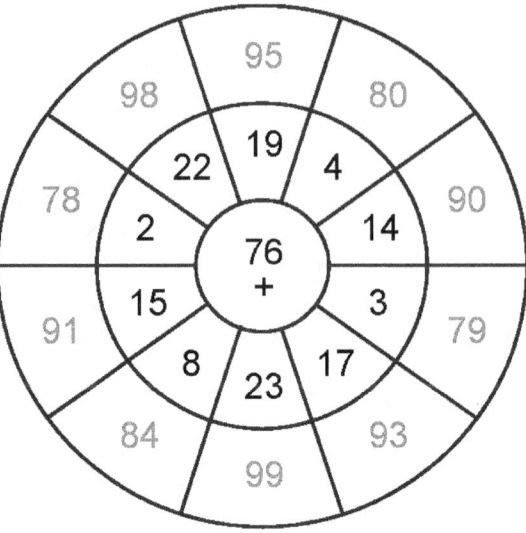

3.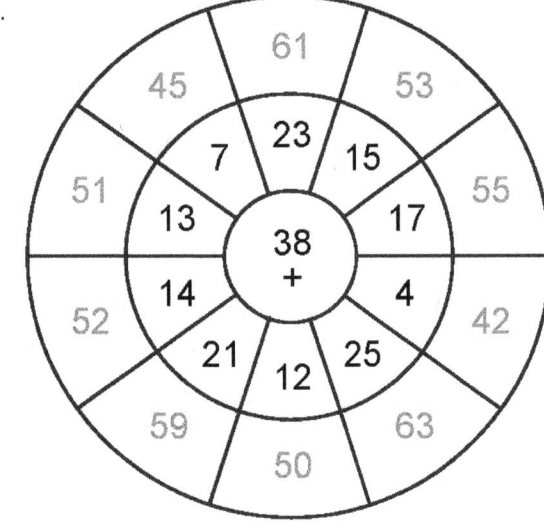

4.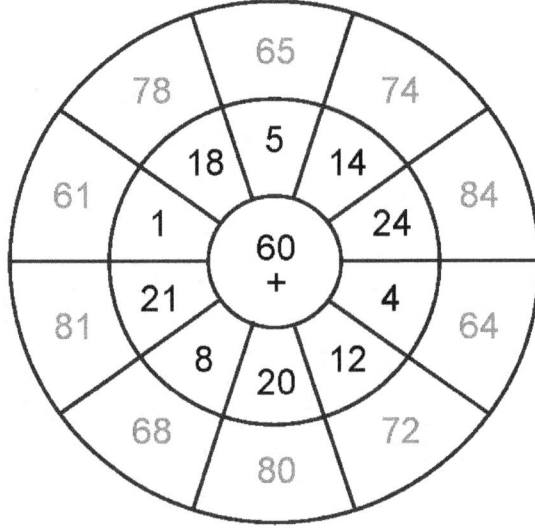

Secret Trail

Use subtraction to find your way through the maze.

1)

68	79	60	12
(367)	80	54	44
4	11	85	18
62	47	83	34
		−	(65)

2)

95	20	73	77
84	26	44	53
(487)	22	40	10
89	31	89	97
		−	(34)

3)

31	96	19	19
(456)	73	31	95
13	9	73	74
63	79	44	83
		−	(62)

4)

30	6	81	70
84	53	17	59
(471)	58	14	35
14	80	96	20
		−	(31)

Secret Trail
Answer Sheet

Use subtraction to find your way through the maze.

1)

68	79	60	12
(367)	80	54	44
4	11	85	18
62	47	83	34

− (65)

2)

95	20	73	77
84	26	44	53
(487)	22	40	10
89	31	89	97

− (34)

3)

31	96	19	19
(456)	73	31	95
13	9	73	74
63	79	44	83

− (62)

4)

30	6	81	70
84	53	17	59
(471)	58	14	35
14	80	96	20

− (31)

Secret Trail

Use addition to find your way through the maze.

1)

(99)	69	10	61
68	71	70	96
96	59	62	92
28	30	29	81

+ (533)

2)

6	66	81	80
78	94	6	80
47	76	43	35
(9)	78	52	3

+ (352)

3)

91	86	90	93
33	27	50	56
(16)	83	31	10
80	46	19	2

+ (477)

4)

58	68	50	87
(22)	74	4	81
21	95	28	62
88	80	11	90

+ (229)

Secret Trail
Answer Sheet

Use addition to find your way through the maze.

1)

99	69	10	61
68	71	70	96
96	59	62	92
28	30	29	81

+ 533

2)

6	66	81	80
78	94	6	80
47	76	43	35
9	78	52	3

+ 352

3)

91	86	90	93
33	27	50	56
16	83	31	10
80	46	19	2

+ 477

4)

58	68	50	87
22	74	4	81
21	95	28	62
88	80	11	90

+ 229

Addition

1) 45 + 20

2) 55 + 12

3) 43 + 53

4) 83 + 14

5) 52 + 23

6) 20 + 67

7) 27 + 61

8) 17 + 82

9) 34 + 64

10) 64 + 10

11) 22 + 23

12) 63 + 21

13) 81 + 10

14) 14 + 64

15) 63 + 16

16) 11 + 62

17) 31 + 33

18) 20 + 13

19) 11 + 50

20) 31 + 57

Addition
Answer Sheet

1) 45 + 20 = 65
2) 55 + 12 = 67
3) 43 + 53 = 96
4) 83 + 14 = 97

5) 52 + 23 = 75
6) 20 + 67 = 87
7) 27 + 61 = 88
8) 17 + 82 = 99

9) 34 + 64 = 98
10) 64 + 10 = 74
11) 22 + 23 = 45
12) 63 + 21 = 84

13) 81 + 10 = 91
14) 14 + 64 = 78
15) 63 + 16 = 79
16) 11 + 62 = 73

17) 31 + 33 = 64
18) 20 + 13 = 33
19) 11 + 50 = 61
20) 31 + 57 = 88

Area

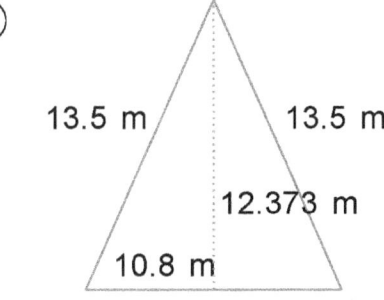
① 13.5 m, 13.5 m, 12.373 m, 10.8 m

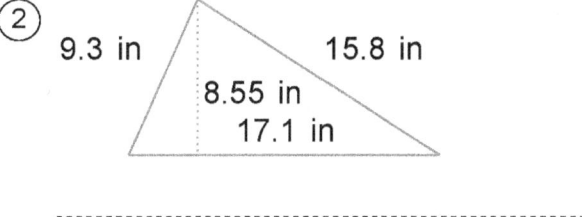
② 9.3 in, 15.8 in, 8.55 in, 17.1 in

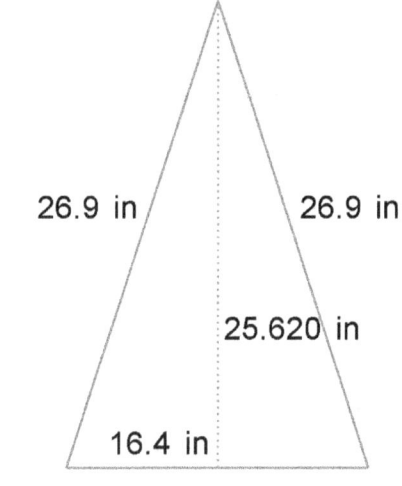
③ 26.9 in, 26.9 in, 25.620 in, 16.4 in

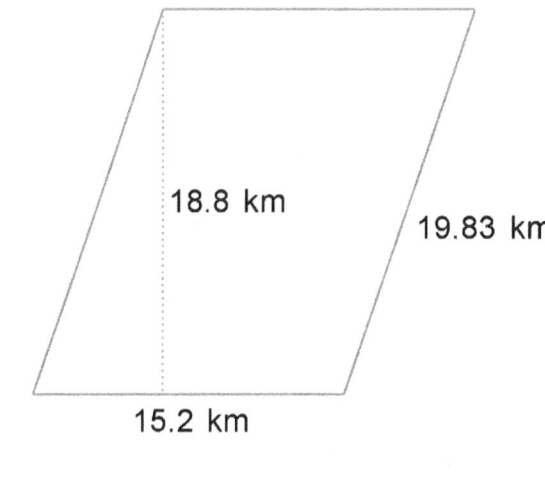
④ 18.8 km, 19.83 km, 15.2 km

Area
Answer Sheet

①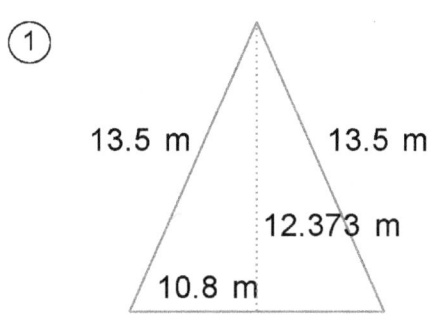

13.5 m, 13.5 m, 12.373 m, 10.8 m

A = 66.81 m²

② 9.3 in, 15.8 in, 8.55 in, 17.1 in

A = 73.10 in²

③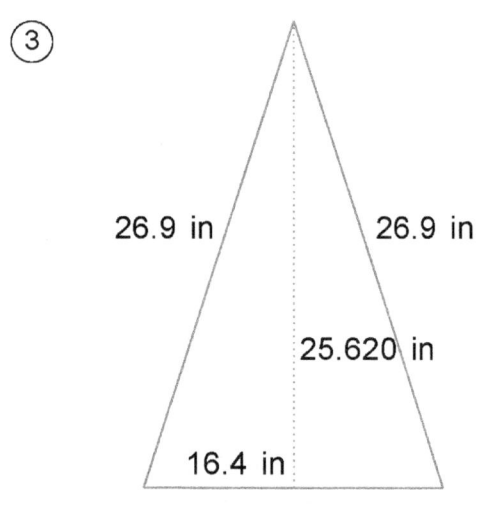

26.9 in, 26.9 in, 25.620 in, 16.4 in

A = 210.08 in²

④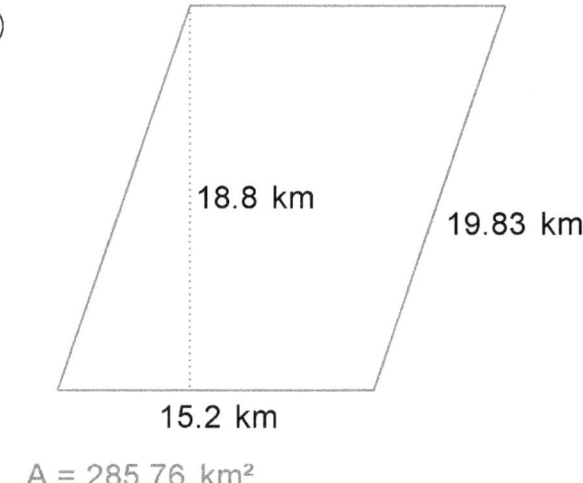

18.8 km, 19.83 km, 15.2 km

A = 285.76 km²

Secret Trail

Use addition to find your way through the maze.

1)

75	46	64	65
(74)	2	3	35
64	77	44	14
35	68	5	40

+ (372)

2)

(6)	76	58	23
59	59	78	31
43	99	89	61
45	21	96	75

+ (532)

3)

29	54	87	28
3	27	44	23
53	2	4	81
(51)	31	78	10

+ (269)

4)

58	47	33	32
16	87	85	34
31	3	14	73
(19)	56	47	39

+ (256)

Secret Trail
Answer Sheet

Use addition to find your way through the maze.

1)

75	46	64	65
(74)	2	3	35
64	77	44	14
35	68	5	40

+ (372)

2)

(6)	76	58	23
59	59	78	31
43	99	89	61
45	21	96	75

+ (532)

3)

29	54	87	28
3	27	44	23
53	2	4	81
(51)	31	78	10

+ (269)

4)

58	47	33	32
16	87	85	34
31	3	14	73
(19)	56	47	39

+ (256)

Addition

1)   34
 + 924

2)   101
 + 341

3)   335
 + 213

4)   363
 + 521

5)   105
 + 171

6)   518
 + 160

7)   710
 + 257

8)   245
 + 441

9)   332
 + 500

10) 444
 + 412

11) 977
 + 11

12) 325
 + 640

13)   61
 + 11

14) 241
 + 447

15) 318
 + 220

16) 146
 + 612

17) 150
 + 730

18) 150
 + 445

19) 323
 + 531

20) 807
 + 191

Addition
Answer Sheet

1)   34
 + 924
   958

2)   101
 + 341
   442

3)   335
 + 213
   548

4)   363
 + 521
   884

5)   105
 + 171
   276

6)   518
 + 160
   678

7)   710
 + 257
   967

8)   245
 + 441
   686

9)   332
 + 500
   832

10) 444
 + 412
   856

11) 977
 + 11
   988

12) 325
 + 640
   965

13)   61
 + 11
   72

14) 241
 + 447
   688

15) 318
 + 220
   538

16) 146
 + 612
   758

17) 150
 + 730
   880

18) 150
 + 445
   595

19) 323
 + 531
   854

20) 807
 + 191
   998

Subtraction

1) 245 − 32

2) 556 − 253

3) 542 − 431

4) 373 − 30

5) 393 − 203

6) 969 − 438

7) 958 − 225

8) 34 − 21

9) 343 − 243

10) 154 − 11

11) 711 − 601

12) 266 − 130

13) 22 − 12

14) 479 − 370

15) 835 − 221

16) 644 − 332

17) 543 − 412

18) 861 − 550

19) 507 − 61

20) 93 − 20

Subtraction
Answer Sheet

1) 245 − 32 = 213

2) 556 − 253 = 303

3) 542 − 431 = 111

4) 373 − 30 = 343

5) 393 − 203 = 190

6) 969 − 438 = 531

7) 958 − 225 = 733

8) 34 − 21 = 13

9) 343 − 243 = 100

10) 154 − 11 = 143

11) 711 − 601 = 110

12) 266 − 130 = 136

13) 22 − 12 = 10

14) 479 − 370 = 109

15) 835 − 221 = 614

16) 644 − 332 = 312

17) 543 − 412 = 131

18) 861 − 550 = 311

19) 507 − 61 = 446

20) 93 − 20 = 73

Perform the operations and solve.

1.

7	-	2	+	4	=	
-		+		-		+
2	+	5	-	3	=	
+		-		+		+
3	-	3	+	1	=	
=		=		=		=
	+		+		=	

2.

9	-	5	+	10	=	
-		+		-		+
5	+	5	-	2	=	
+		-		+		+
10	-	2	+	4	=	
=		=		=		=
	+		+		=	

3.

3	-	1	+	8	=	
-		+		-		+
1	+	1	-	1	=	
+		-		+		+
10	-	1	+	8	=	
=		=		=		=
	+		+		=	

4.

10	-	2	+	4	=	
-		+		-		+
2	+	9	-	2	=	
+		-		+		+
1	-	1	+	7	=	
=		=		=		=
	+		+		=	

Perform the operations and solve.

1.

7	-	2	+	4	=	9
-		+		-		+
2	+	5	-	3	=	4
+		-		+		+
3	-	3	+	1	=	1
=		=		=		=
8	+	4	+	2	=	14

2.

9	-	5	+	10	=	14
-		+		-		+
5	+	5	-	2	=	8
+		-		+		+
10	-	2	+	4	=	12
=		=		=		=
14	+	8	+	12	=	34

3.

3	-	1	+	8	=	10
-		+		-		+
1	+	1	-	1	=	1
+		-		+		+
10	-	1	+	8	=	17
=		=		=		=
12	+	1	+	15	=	28

4.

10	-	2	+	4	=	12
-		+		-		+
2	+	9	-	2	=	9
+		-		+		+
1	-	1	+	7	=	7
=		=		=		=
9	+	10	+	9	=	28

Area

①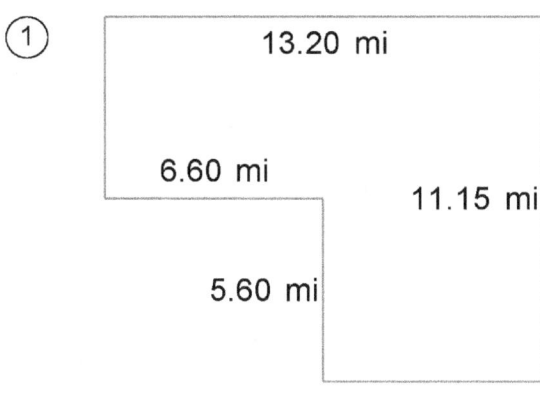

②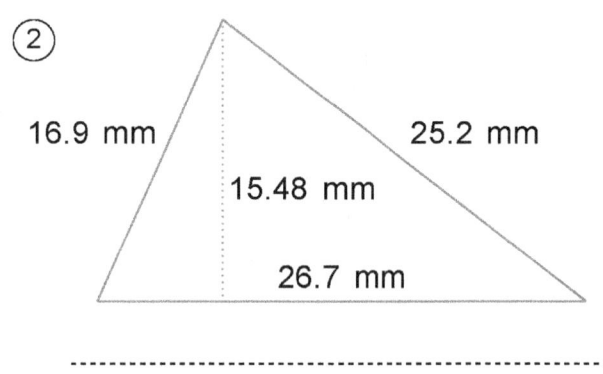

③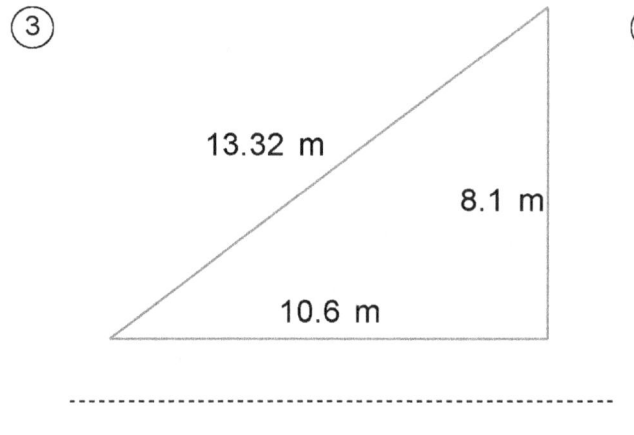

④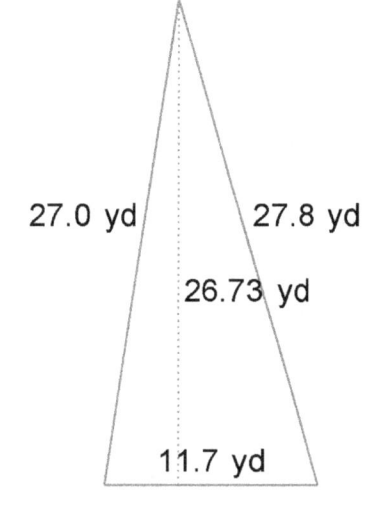

Area
Answer Sheet

①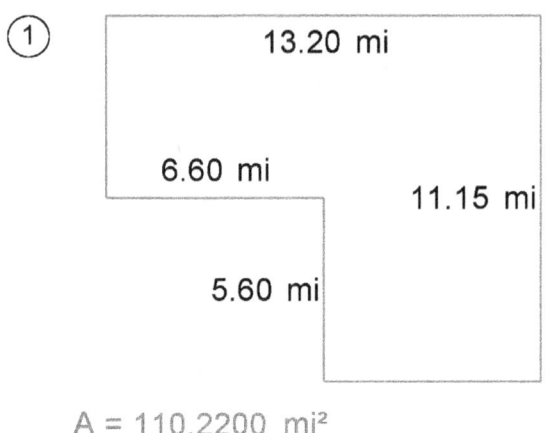

A = 110.2200 mi²

②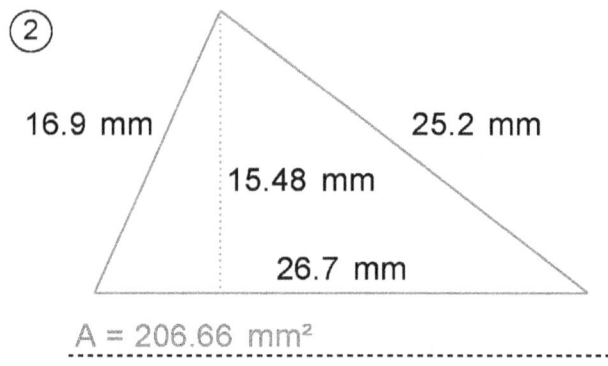

A = 206.66 mm²

③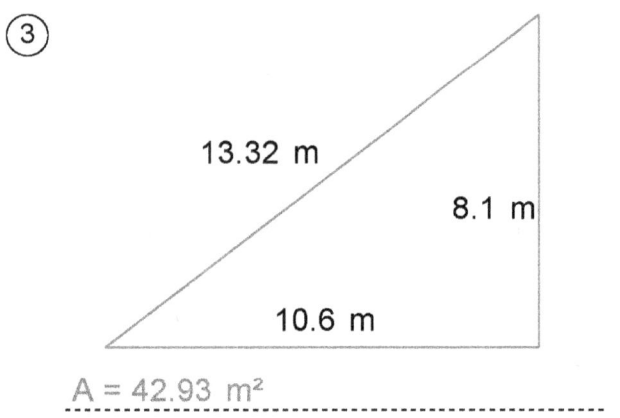

A = 42.93 m²

④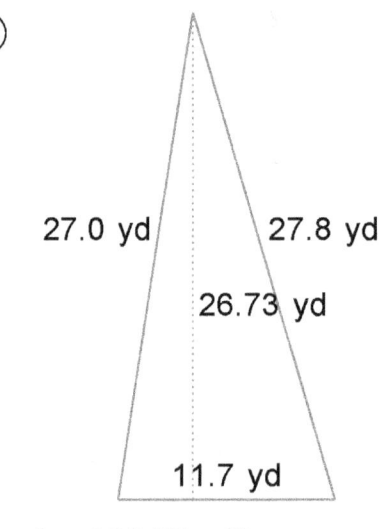

A = 156.37 yd²

Addition

1) 49
  + 94

2) 76
  + 29

3) 71
  + 42

4) 26
  + 82

5) 87
  + 95

6) 49
  + 19

7) 12
  + 53

8) 41
  + 86

9) 89
  + 30

10) 60
  + 84

11) 12
  + 75

12) 40
  + 23

13) 54
  + 70

14) 41
  + 54

15) 49
  + 40

16) 56
  + 54

17) 47
  + 62

18) 93
  + 84

19) 57
  + 25

20) 43
  + 47

Addition
Answer Sheet

1) 49 + 94 = 143

2) 76 + 29 = 105

3) 71 + 42 = 113

4) 26 + 82 = 108

5) 87 + 95 = 182

6) 49 + 19 = 68

7) 12 + 53 = 65

8) 41 + 86 = 127

9) 89 + 30 = 119

10) 60 + 84 = 144

11) 12 + 75 = 87

12) 40 + 23 = 63

13) 54 + 70 = 124

14) 41 + 54 = 95

15) 49 + 40 = 89

16) 56 + 54 = 110

17) 47 + 62 = 109

18) 93 + 84 = 177

19) 57 + 25 = 82

20) 43 + 47 = 90

Multiply.

1.
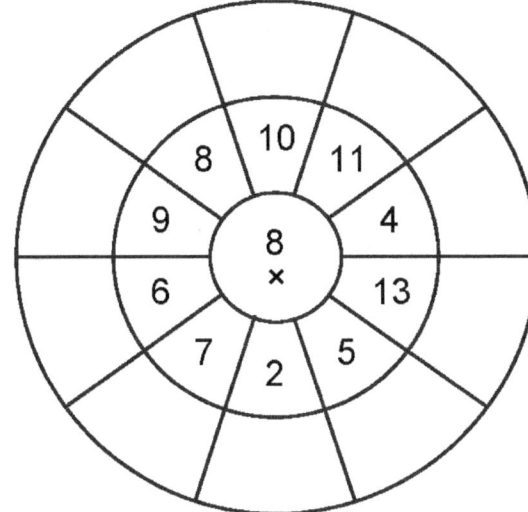

2.
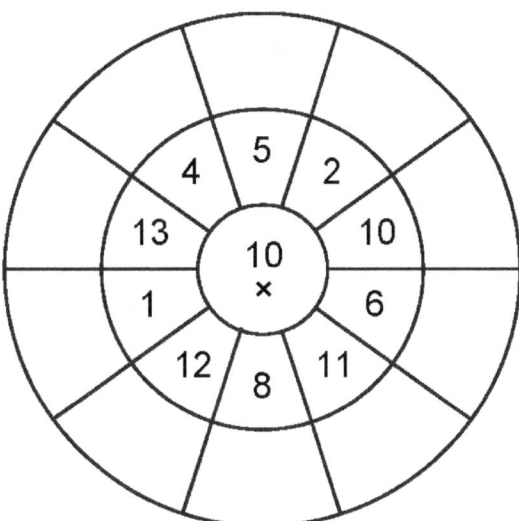

3.
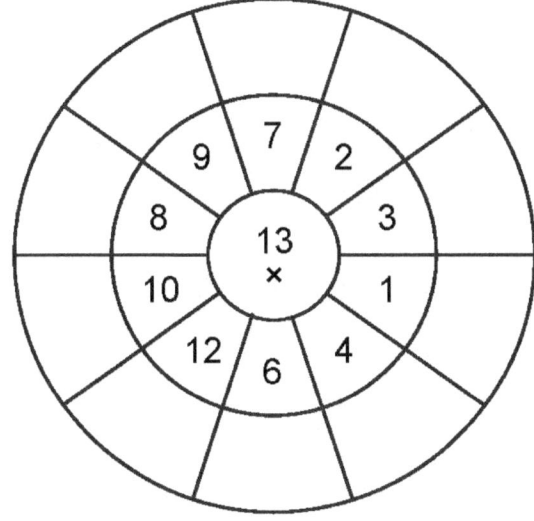

4.
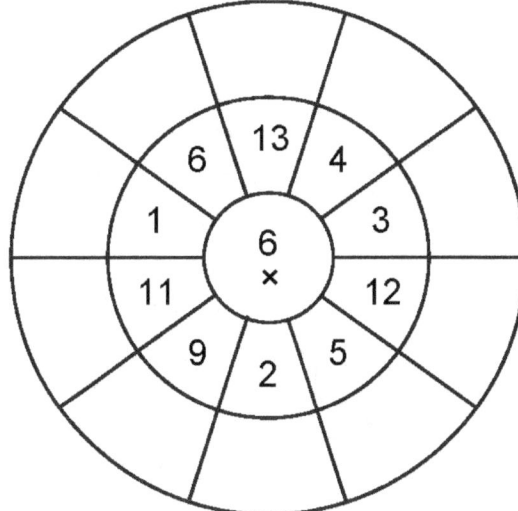

Multiply.

1.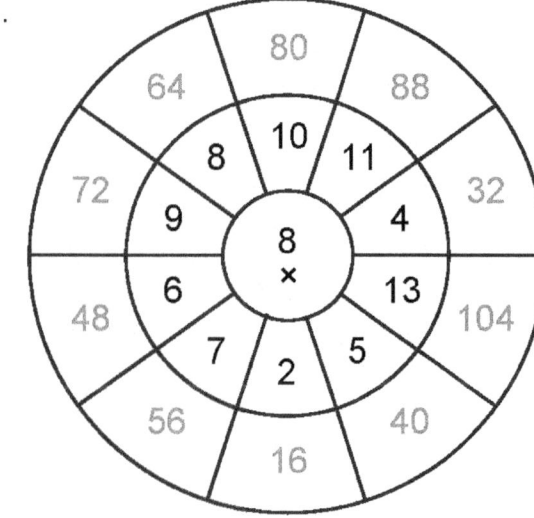

2.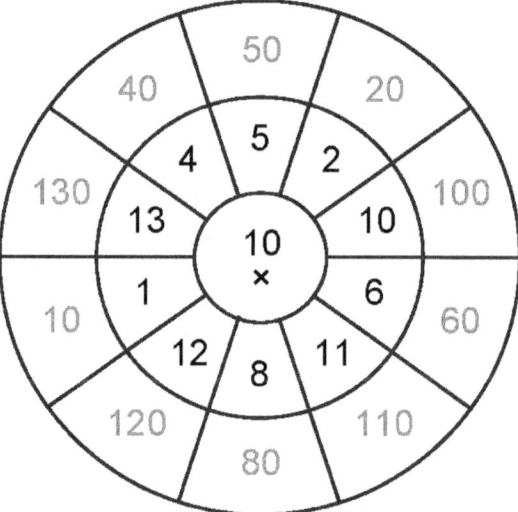

3.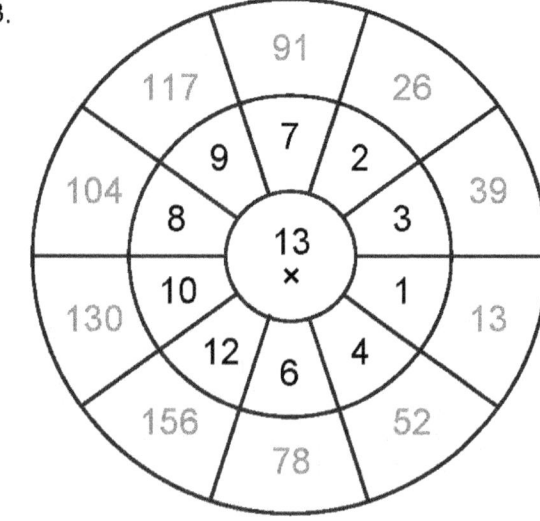

4.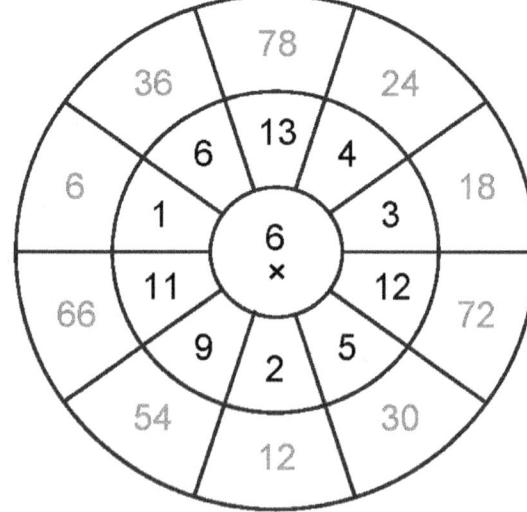

Perform the operations and solve.

1.

8	−	7	+	10	=	
−		+		−		+
7	+	1	−	1	=	
+		−		+		+
8	−	1	+	1	=	
=		=		=		=
	+		+		=	

2.

9	−	7	+	4	=	
−		+		−		+
7	+	10	−	4	=	
+		−		+		+
6	−	2	+	8	=	
=		=		=		=
	+		+		=	

3.

4	−	2	+	8	=	
−		+		−		+
2	+	9	−	5	=	
+		−		+		+
10	−	2	+	8	=	
=		=		=		=
	+		+		=	

4.

10	−	2	+	6	=	
−		+		−		+
2	+	6	−	3	=	
+		−		+		+
2	−	1	+	2	=	
=		=		=		=
	+		+		=	

Perform the operations and solve.

1.

8	−	7	+	10	=	11
−		+		−		+
7	+	1	−	1	=	7
+		−		+		+
8	−	1	+	1	=	8
=		=		=		=
9	+	7	+	10	=	26

2.

9	−	7	+	4	=	6
−		+		−		+
7	+	10	−	4	=	13
+		−		+		+
6	−	2	+	8	=	12
=		=		=		=
8	+	15	+	8	=	31

3.

4	−	2	+	8	=	10
−		+		−		+
2	+	9	−	5	=	6
+		−		+		+
10	−	2	+	8	=	16
=		=		=		=
12	+	9	+	11	=	32

4.

10	−	2	+	6	=	14
−		+		−		+
2	+	6	−	3	=	5
+		−		+		+
2	−	1	+	2	=	3
=		=		=		=
10	+	7	+	5	=	22

www.ingramcontent.com/pod-product-compliance
Lightning Source LLC
Chambersburg PA
CBHW081434220526
45466CB00008B/2384